THE
SPEECHCRAFT
OF
DESIGNERS

THE
SPEECHCRAFT
OF
DESIGNERS

周洁 著

设计师的演讲力

让你的
方案汇报
打动人心

化学工业出版社
·北京·

内容简介

这是一本专为设计行业人士编写的提升专业表达技能的书籍，从设计项目的汇报思路组织到现场汇报技巧、语言表达训练等，具有较强的实用性。作者经过多年实践经验的积累，总结出设计师在方案汇报时缺乏说服力、逻辑不清晰等常见的痛点、难点问题，从汇报对象分析、逻辑框架组织、语言和表情的运用、现场表达技巧等多个维度，探讨了提升汇报效果的思维和方法。帮助设计师快速全面提升设计表达能力，使方案汇报真正实现打动人心的效果。

图书在版编目（CIP）数据

设计师的演讲力：让你的方案汇报打动人心 / 周洁著 . -- 北京：化学工业出版社，2025. 4. -- ISBN 978-7-122-47420-9

Ⅰ．T-29；H019

中国国家版本馆 CIP 数据核字第 2025T3G134 号

责任编辑：孙梅戈　　　　　　　文字编辑：蒋　潇
责任校对：宋　夏　　　　　　　装帧设计：王晓宇

出版发行：化学工业出版社
　　　　　（北京市东城区青年湖南街 13 号　邮政编码 100011）
印　　装：中煤（北京）印务有限公司
880mm×1230mm　1/32　印张 5$\frac{1}{2}$　字数 123 千字
2025 年 5 月北京第 1 版第 1 次印刷

购书咨询：010-64518888　　　　　售后服务：010-64518899
网　　址：http://www.cip.com.cn
凡购买本书，如有缺损质量问题，本社销售中心负责调换。

定　　价：68.00 元

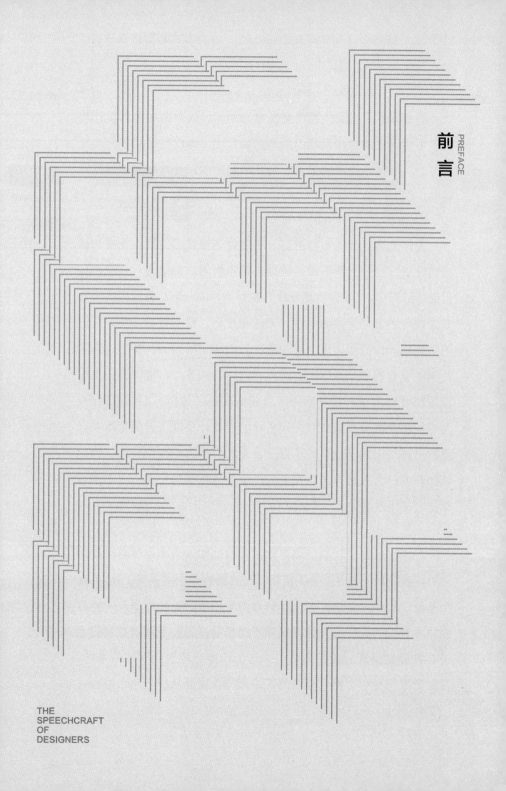

前言 PREFACE

THE
SPEECHCRAFT
OF
DESIGNERS

很多年前，当我还在研究生学习期间，就曾有与国外设计院校学生共同完成合作设计的经历。我发现，每次在最后进行设计汇报时，外国学生常能把看起来并不起眼的设计方案展现得有理有据，令人印象深刻。

工作以后，我也常常遇到一些重要甚至棘手的汇报场景，越来越发现设计师光靠图纸"说话"是不够的。应该说，在整个项目进行过程中，"如何呈现设计"是很重要的一环。而国内的设计专业课程更多地传授的是设计方法和技巧，鲜少有关于设计汇报的系统知识传授和训练。要知道，我们所有的知识、技巧、表达甚至职业素养是一座冰山，而外界能感知到多少，取决于露出水面的部分有多少。在我翻阅了大量的演讲、销售方面的书籍后，发现似乎并没有专门针对设计工作的"设计呈现"方法和体系方面的书籍。因此，我不得不进一步思考，作为一个设计师，我们该如何进行有效的方案汇报呈现，从而使我们每一次与业主沟通都达到最佳效果呢？

在经过近二十年的一线设计工作实践和大大小小数百次汇报之后，我发现，要做好方案汇报，还真的是一个"系统工程"。这个系统工程简单来说，可以拆解为内容和表达两个方面。内容方面需要我们有扎实的设计方案和思维框架；表达方面需要我们无论是在视觉呈现，还是在口头表达上，都有较为扎实的基本功。因此如果想要切实提升自己的汇报能力，需要从以上两个方面去思考、去训练。渐渐地，我也把总结出来的一些方法运用到日常设计汇报和投标项目汇报中，发现不管是方案的通过率，还是投标获胜率，都有了明显的提高。

这本书从实践中来，因此具有较强的针对性和实用性。它提供了针对设计师提高汇报表达能力的框架体系和基本方法。其中运用到的基础知识是本人对多学科综合研究的结果，其中涉及演讲学、沟通学、销售学、心理学等方面的诸多知识。

引用销售业界的说法，一切的准备工作，都是为了可以在适当的时候用最恰当的方式，向决策链的各关键角色传递——我们具备解决他们的问题的能力。而设计汇报也是如此，所有的准备都是为了让对方理解和认同我们的方案，展现出方案确实可以有效地解决对方的问题，从而实现设计的真正价值。

周洁

2025 年 1 月

目录 CONTENTS

Chapter 0

绪论

关于设计与表达

001—008

Chapter 1

第一章

设计方案汇报的常见痛点及解决之道

009—014

Chapter 2

第二章

了解听众：
设计方案汇报的
对象分析

015—028

Chapter 3

第三章

故事线方案汇报法

029—046

Chapter 4

第四章

汇报中有声语言和肢体语言的运用

047—062

Chapter 5

第五章

设计汇报中的演讲技巧

063—078

Chapter **6**

第六章

设计方案汇报中的
情感共鸣与共情

Chapter **7**

第七章

设计方案汇报中
视觉元素的运用

093—108

Chapter **8**

第八章

逻辑思维与说服力

109—124

Chapter **9**

第九章

应对挑战和反对意见

125—142

Chapter **10**

第十章

总结与实践

143—161

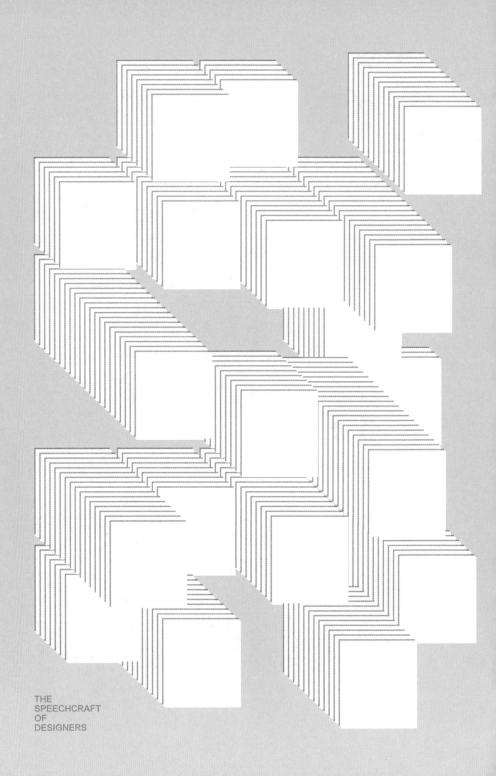

THE
SPEECHCRAFT
OF
DESIGNERS

关于设计与
表达

一、设计的未来

随着人工智能等科技的快速发展，未来设计领域也将发生巨大变革，如在建筑设计领域中，人工智能等技术可以帮助设计师更好地对场地环境等要素进行全面分析，甚至可能生成具备审美特点和符合人们需求的方案。

尽管科技可以在很多方面大大提高设计领域的整体效率，甚至替代设计师的某些工作，但设计师的两大能力——创造力和沟通力，在短时间内是很难被替代的。而且，随着建筑设计行业紧缩、竞争加剧，对设计师自身的能力、素质、修养等要求也越来越高。在这个竞争日趋激烈的时代，作为一名优秀的设计师，又应具备哪些能力呢？

二、设计师的八项素质

在笔者看来，一名优秀的设计师，应具备八项素质，如图0-1所示，左边四项分别是身体素质、专业技能、绘画能力和创造力，这四项也可以说是硬实力。与之相对的则是软实力，即在图0-1右边列举的这四项，分别是审美力、学习力、沟通力和汇报力。

软实力看起来比较虚，但却是设计师能不断成长并且变得优秀和卓越的基础。就最后两项，即沟通力和汇报力来说，在公司

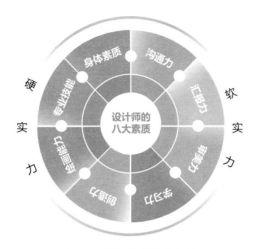

图 0-1　设计师的八大素质

里，大家经常能听到这样一句话——"辛辛苦苦一整年，不如年终汇报发个言"，虽然有些言过其实，但却体现出这两项能力的重要性。同样，面对业主，如果汇报总是通不过，就意味着需要不断修改，必然要付出更多的人力、财力和精力，这带来的损失就大了。

业主不管是政府部门还是企业管理者，都十分关注汇报的逻辑和重点是否突出，而这些往往是平日里只知道埋头画图的设计师的"软肋"。我们还经常会碰到一种认知偏差，叫作"知识的诅咒"，就是你觉得理所当然的内容，在向他人解释的时候，对方却很难理解，甚至十分茫然。久而久之，就让你觉得汇报好像是一件很难把握的事。其实汇报是有技巧的，如何把专业的知识解释得清晰易懂，如何有理有据地坚持自己的想法，是每个有理想的设计师的必修课。

所以，我们要转变一个理念，即从原来的"好设计会说话"到"会设计，更要会表达"，本书接下来的内容就是帮助大家快速提升沟通和汇报的技巧，实现设计优秀和汇报顺畅的双赢。

三、设计师的终身成长

一名优秀的设计师也一定是一个终身成长者，他（她）应具备三个"力"——学习力、创造力和沟通力。汇报和演讲、日常沟通有一些差异，但又有很多相似之处。比如，演讲通常更多带有表演成分，汇报则更注重说服，表演成分会相对弱一些。但演讲能力强的人在汇报时是有先天优势的。经过多年实践，笔者领悟到的一个重要的点就是，汇报能力的提升是一个人从普通设计师成长为总监级的团队领导者的必由之路。读完本书，你将能有效地提升自己，具备一个优秀的领导者和管理者所必需的沟通能力和汇报能力。

四、汇报是一项目标性很强的说服工作

大家有没有经历过这样紧张而痛苦的汇报场面：汇报没能说服甲方，最后不得不修改，而重新汇报又没有说服甲方，不得不再次修改，如此陷入死循环。或者是每次都想提升汇报水平，也做了各种准备，但好像在正式汇报时总是这样，没有起色，别人

的反应要么是听不明白，要么是听着想睡觉。又或者是被甲方一质疑，就自乱阵脚，语无伦次……

如果这样的情况总是反复出现，那么我们先要来反思一下，我们对汇报所要达到的目标是否有深刻的了解？因为汇报所需要的不仅仅是口才好，也不完全是演讲技巧，有些人可能从来没受过专业的演讲训练，但他依旧能汇报得很好。

汇报其实是一项目标性很强的说服工作，目标是其中的关键，包含三个方面（图 0-2）。首先是传递信息。传递信息的要点是清晰、准确，目的是避免误解。其次是说服听众，目的是获得对方的信任，进而把自己的方案卖出去。最后是引发行动，即业主认可后完成签约、付款等一系列动作。而这三个方面的目标也是密切相关、环环相扣的。所以如何清晰地传递我们的方案信息，如何赢得业主的信任，是我们每一次汇报的核心内容。

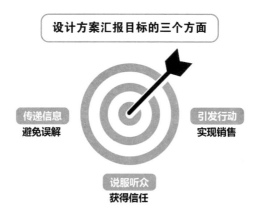

图 0-2　设计方案汇报目标的三个方面

五、本书的框架

那具体怎么达成目标呢？有什么好的技巧和方法吗？这本书可以帮助大家获得一些有效的方法，快速实现上述目标。本书的框架主要围绕四个方面展开：对象、逻辑、情感和应变。

本书的第二章首先对方案汇报的对象进行了分析。查尔斯·伊姆斯曾经说过："设计师的角色应该是一个热心体贴的主人，他能洞察来宾们的需求。"很多人忽略了对汇报对象的研究，而这一点其实非常重要。我们了解对方，是为了了解其背后的目的，了解他们关于项目的痛点、爽点和痒点，进而通过提供解决方案，来帮助对方消除恐惧、满足需求并创造期待。

除了分析对象之外，汇报逻辑的梳理也很重要。汇报的逻辑必须建立在思维的逻辑上，因此首先要训练逻辑思维，再训练逻辑表达。本书的第三章和第八章分别讲了两种逻辑，一种是故事线逻辑，另一种是论证说服逻辑，这也是我们在文本制作和汇报中常用的两种逻辑方法。

说到情感，松浦弥太郎曾在《超越期待》一书中提到这样一句话："无论你表现得多么有礼貌，多么思路清晰地给对方演讲，如果对方感受不到你的热情，那么他们的内心不会产生任何波澜。"本书中也有不少内容是关于如何有效地在汇报中输出情感，从而实现打动人心的效果。比如第四章会讲到汇报中的有声语言和肢体语言的运用；第五章是讲汇报中常用的演讲技巧；第六章则重点讨论情感表达，尤其是共鸣与共情的问题。其实文本制作和汇报中一些视觉元素的应用也会影响到整个汇报的情感输出，这在第七章会重点谈到。总而言之，情感是一个提升汇报效果、说服业主的重要因素。

应变，即控场，这是比较难但很重要的一个基础能力。当面对质疑和反对意见时，我们该如何应对？这在投标中也是比较常见的问题。本书会讲到相应的控场手段、现场应变的技巧等。

总而言之，本书可以帮助大家全方位提升汇报能力，从思维到技巧再到心态，解决"如何讲清楚、讲到点子上和讲出效果"的难题。相信看完这本书，再加上大家日常的实践和练习，成为述标高手、汇报达人指日可待。

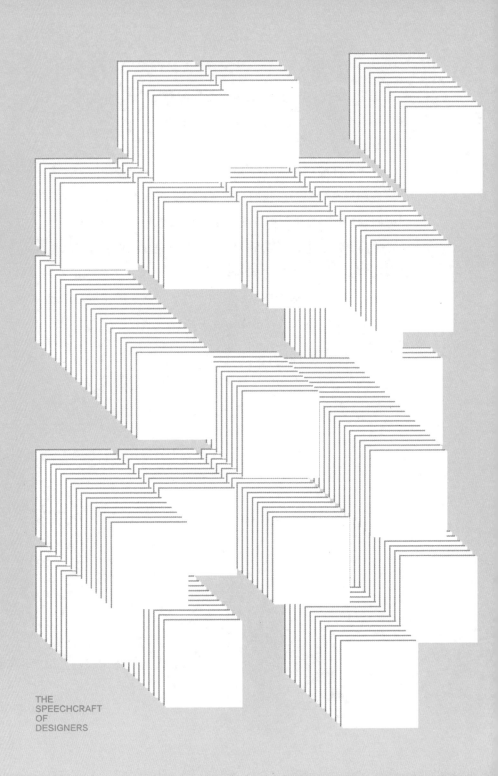

THE
SPEECHCRAFT
OF
DESIGNERS

设计方案汇报的
常见痛点
及解决之道

一、方案汇报的常见痛点

首先来分析一下方案汇报过程中经常碰到的问题，只有认识到问题，才能找到未来的提升之路。

笔者在观察很多设计师的汇报时，发现汇报时的问题或者说痛点主要集中在两个方面，一个是内容，另一个是表达。内容上的几大痛点概括起来是四个字：乱、散、平、丑。具体来说，乱就是缺乏逻辑，散则指缺乏重点提炼，平是平铺直叙、没有特点。很多设计师汇报超过二十分钟，对方就会有被催眠的感觉，那后面的效果就可想而知了。最后一个丑，指的是色彩、排版审美差。大家可能认为设计师好像一般不会出现这样的问题，但笔者发现，恰恰相反，不少设计师，尤其是一些工作时间比较长、自认为经验丰富的设计师，往往会对设计表达比较懈怠。其实，他们更需要明白一点，赏心悦目的汇报文本和 PPT 永远是体现专业性和设计能力的重要标志，其好坏优劣会明显影响客户对于设计师水平的判断及对方案的认可。

再说表达，表达中常见的四大痛点是"胆、声、情、识"。

胆，指的是害怕、恐惧，一些设计师面对汇报场合，尤其是大型的、高级别的汇报场合，会明显显得不自信和气场不足。

声，指的是气、字、音没有到位，这和平时缺乏有意识的训练有关。很多设计师地方口音浓重、咬字不清晰，导致对汇报内容进行准确、清晰的表达都很困难，这就需要去练、去模仿。

情，指的是缺乏变化和激情，当你自己都对自己的设计没有信心和热爱的时候，你又怎么指望业主能喜欢上你的方案呢？

识，指的是汇报缺乏高度和深度，这往往是有经验的设计师才会注意的点，而这却又是很多投标方案述标拉开差距的很重要的一点，大家要细细体会。

接下来，问题来了，我们该如何解决这些痛点？

二、解决之道

针对以上的八个痛点，这里给出了八个解决方法，也分内容和表达两个方面（图1-1）。

针对内容的解决思路是梳理框架、提炼重点、突出亮点，以及表达风格的和谐匹配；针对表达的解决之路是培养自信、训练清晰的吐字发音方式、有意识地制造变化，以及提升自己的思维能力。这些解决方法在后面的章节中都会一一展开介绍。

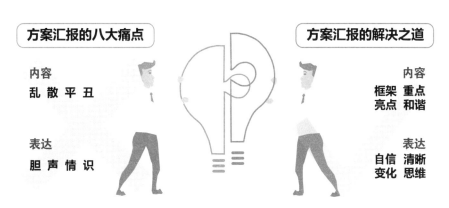

图 1-1　方案汇报的痛点及解决之道

不管汇报的技巧掌握得如何，有一点必须牢记在心，那就是"自信，来源于对内容的胸有成竹"，只有以一个扎实的设计解决方案和汇报内容为基础，对自己的成果充满信心，再配合相关的技巧和心理建设，才能在汇报时拥有强大气场。

三、演讲和控场技巧

除了内容外，声音、肢体动作的运用也会对人起到潜移默化的影响。比如，给大家介绍一个汇报中的常见技巧，就是两个字——"稳"和"慢"，这是建立气场和体现专业度的有效方法。

"稳"和"慢"又可以拆解为五个方面，分别是"开头慢慢说，重点大声说，要事清楚说，偶尔加速说，强调用力说"。汇报开场要慢，不要急。笔者在刚开始工作的时候，在汇报时可能是出于紧张和缺乏经验，经常说得又快又急，导致很多内容的表达不清晰、不到位。后来经慢慢观察发现，很多厉害的设计师都很善于控制局面，他们不一定讲得很快，但会很稳，会控制语速，这样反而容易获得业主的信任。除了开头慢外，在后面展开过程中要做到有强调、有突出，有快有慢，制造"节奏感"，这样才能让你的汇报引人入胜，富有效果。

四、如何快速进步

上文讲了方案汇报要提升效果，须从内容和表达两方面入手。

　　那么如何才能做到快速进步呢？一个行之有效的方法就是欣赏＋模仿＋练习。汇报作为一个比较复杂的技巧，一定是练会，而不是看会的。我们要学会游泳，一定要先跳入水中。虽然刚开始鼓励大家多去看著名设计师的一些演讲或者汇报视频，多去看别人的方案文本，这就是欣赏的过程，但更重要的是要模仿和练习，最后把这些内容和技巧转化为肌肉记忆，使其成为你的"第二天性"和强大的利器。

　　这里给大家列举一些学习的方法和来源。比如可以跨界学习，多听 TED 演讲和一些商业路演，模仿他们的表达逻辑和表达方法，并不断总结和实践。也可以多浏览一些设计行业网站上的相关视频和采访内容，以及一些演讲的经典书籍。

　　我们所付出的所有努力都是为了实现"重剑无锋，大巧不工"的最高境界，早日成为述标高手、汇报达人，才能成为一名全面而优秀的设计师！

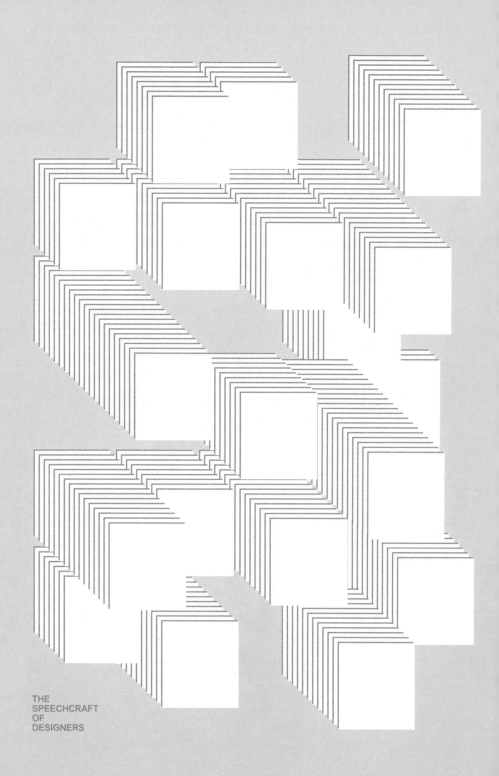

THE
SPEECHCRAFT
OF
DESIGNERS

第二章

了解听众：
设计方案汇报的
对象分析

在绪论中，我们提到了沟通力和汇报力是一名优秀设计师所必须具备的素养，也介绍了本书基本框架的搭建是基于四个方面：对象、逻辑、情感和应变。第一章也谈到了方案汇报中常见的八大痛点和解决之道，最后还探讨了快速提升汇报能力的方法。这一章节就从分析汇报的对象开始，这也是汇报中最重要的起点和基础，是保证汇报成功的关键。

一、汇报准备的起点

首先问大家一个问题，汇报准备的起点是什么？很多人可能会回答，准备汇报稿、做方案等，这些答案不能说错，但笔者认为，在做这些具体的事之前，首要的工作是分析人，即分析你的汇报对象。为什么这么说呢？因为分析汇报对象可以帮助我们更好地满足他们的需求和期望。只有了解了他们的需求，我们才能更准确地定位这次汇报的目的，只有知己知彼，方能百战不殆。

所以汇报的起点应是听众。那么我们具体要了解听众的哪些方面呢？这里列举了 7 个相对比较重要的因素，这些因素可能都会影响到我们采取的汇报形式和侧重点。这 7 个方面分别是身份、年龄、性别、风格、专业程度、教育程度、现状（图 2-1）。前 6 点，

图 2-1　汇报准备的起点

即身份、年龄、性别、风格、专业程度、教育程度，这些比较好理解。现状指什么呢？可以是对方目前的职业发展状态，目前遇到的棘手问题，公司里的角色、位置等一切可能会影响到本项目的现状因素。

对这些要素的分析很重要。举个简单的例子，从专业程度来说，对方是个同行专家和对方是一个外行，这两种情况下，汇报时的方式差别就会比较大。在面对专家的时候，我们汇报的内容也应具备一定的深度和高度，要体现较强的专业性。而面对一个不太懂专业的客户时，我们在汇报中就不能用太多的专业词汇，要善于运用比喻、案例对比等方式，让对方更容易理解我们所要表达的意思。

建议大家未来在汇报前能够对汇报的主要对象通过列表的方式进行分析，这样便于我们采取相应的汇报策略，以起到事半功倍的效果。

二、听众分析的重要性

对听众的了解，最终是为了了解其背后的目的（图 2-2）。"目的"这个词在之前的章节中曾反复提到，可见这个词的重要性。带着目的去汇报是汇报技巧中的一个重要方面，大家一定要记住，目的不明确的汇报，最终的结果都会不可控，那么效果也就可能大打折扣。

回到目的分析上来，对于目的还可以进行拆分，具体来说就

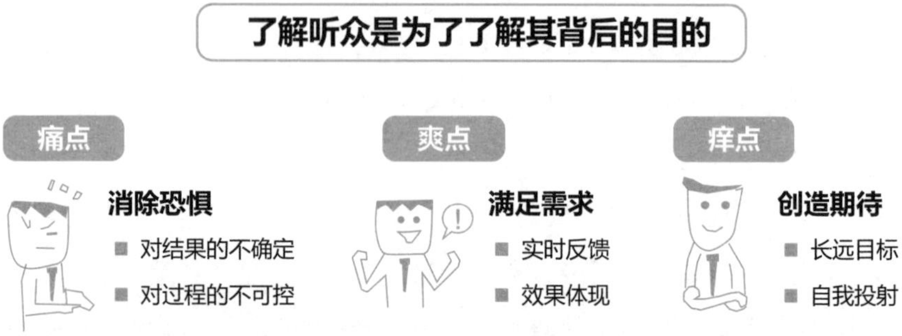

了解听众是为了了解其背后的目的

痛点

消除恐惧
- 对结果的不确定
- 对过程的不可控

爽点

满足需求
- 实时反馈
- 效果体现

痒点

创造期待
- 长远目标
- 自我投射

图 2-2　了解听众是为了了解其背后的目的

是找到对方关注的三个方面：痛点、爽点和痒点。

痛点，其实就是人性中的"怕"，是对于未知事物（比如我采用了你的方案后，是否可以达到我想要的效果等问题）的不确定的一种恐惧，这种恐惧包括对结果的不确定、对过程的不可控等。所以在汇报时首先要解决对方的痛点，去消除对方的恐惧心理，使他对未来结果有更多的可预见性和把握度。那么要实现这一点，有时要通过我们对成功案例和业绩的介绍，有时要依靠我们给对方传递意见的专业性。

爽点，就是指满足对方的需求。我们呈现的方案的效果、对于效果的落地性的描述，以及我们对于客户的需求和疑问的实时反馈与很高的服务响应度，都是在满足对方的需求。

痒点，指的是我们的方案和汇报如何去创造期待。我们需要解决的问题不只是眼前的问题，还有对这个项目长远价值的考虑。我们经常会做一些相似案例的对标，就是让对方产生一种自我投射，从而有了对于你的方案带来的效果的憧憬和期待。

三、如何分析听众

下面我们来具体说明如何分析汇报对象的特点和需求。

背景调研是一种有效方法，尤其要注意那些决策链上的关键人物。我们要记住这些关键人物的名字，并且在与其接触和交流时做个有心人，能及时做出对方属于哪种客户类型、有什么需求的判断。在面对不同身份和不同性别的客户时，在汇报中要注意的关键点也有所不同，接下来进行举例说明。

（1）面对不同身份汇报对象的注意点

针对不同的客户身份，笔者这里划分了三种主要的角色，第一种是政府管理部门人员，第二种是企业高层管理者，第三种是企业中层。

首先从政府管理部门人员讲起。不知道各位读者有没有给政府的管理部门人员做汇报的经历？在你的经历中，你觉得他们一般会比较关注什么？图 2-3 中整理了此类客户一般会关注的要点，大家可以与各自以往的经验进行对比。

图 2-3　政府管理部门相关人员的关注点

对于政府管理部门相关人员这样的客户来说，由于他们的身份和立场，他们会比较强调公共利益，因此在汇报中应重点突出设计方案对公众利益的影响，尤其是与政府政策相关的方面。比如有段时间，政府部门人员在看设计方案时，比较关注绿色建筑和节能方面，因为那段时间各个城市都出台了一系列相关的绿建政策和规范。又如我们在向政府介绍一个商业项目的时候，会重点突出这个项目会给城市或者社区未来带来什么样的价值，打造怎样的公共场所，树立怎样的标志性形象，甚至能为当地创造多少就业机会等。这些内容都是会引起政府部门注意的关键点，我们要有针对性地准备和讲解。

为了增加可信度，在向政府管理部门相关人员进行汇报时，也要注意多引用数据和成熟的研究结果，使方案显得更严谨和可靠。有时也可以强调合作机会，政企双方合作和互惠互利的模式也会更受青睐。

下面来看一个汇报案例，这是一个向某经济示范区管委会主任汇报的项目（图 2-4），这个汇报逻辑中突出了从对标案例借鉴

图 2-4 某商务核心区开发建设方案汇报思路

图 2-5 企业高层管理者的关注点

到案例总结，再到定位策划，最后才是方案介绍的汇报思路。其中比较突出的是把研究成果转化为方案设计的这个特点，这可能比设计师自己想出一个理念或设计思路更具说服力，这也是一个技巧。

下面再来看另外一个客户群体——企业高层管理者。这类汇报对象与前者会有一些不同（图 2-5）。首先他们更关注商业价值，也就是经济的维度，即如何使这个项目或企业增加收入、降低成本、提高竞争力等。而且在汇报前，需要花点时间对该企业的核心目标和价值，甚至企业发展战略进行较为深入的分析，这样才能有的放矢地进行汇报。一般企业高层管理者也会比较关注方案的创新性，方案应体现项目的远见、独特性和标志性。

再举一个面向企业的商业开发项目案例。在汇报中突出了两个点：一个是布局研究，这是和场地开发的价值挖掘相关的，是比具体方案更重要的点；另一个是实施路径和投资估算，由于企业对于分期策略、开发成本比较关心，因此如果这方面能说到点上，会吸引企业高层管理者的兴趣（图 2-6）。

图 2-6　某健康城核心区概念方案设计汇报思路

如果方案暂时没有直接汇报给老板或者最高层领导，而是向企业中层管理者汇报，又该注意什么呢（图 2-7）？首先面对此类汇报对象，要注重分析和理解具体的问题，并强调方案如何解决这些问题，而且要关注实施的细节，证明方案的可行性和可实施性。当在汇报中遇到意见冲突的时候，尤其要注意强调设计团队与对方中层领导之间的合作关系，体现出对对方的尊重和信任，这是赢得对方好感的非常重要的方法。

图 2-7　企业中层管理者的关注点

（2）面对不同性别汇报对象的注意点

再来看一下，面对不同性别的汇报对象，在汇报时应注意什么。

男性比较强调实用性和结果导向，会关注事实和逻辑，其中可量化、数据、证据等都是关键要素。同时，一般男性客户也比较看重竞争的机会，因此如果能突出方案给对方带来的竞争优势，对他也会有较大的吸引力（图 2-8）。

再来分析一下女性客户，如果在汇报中能提到图 2-9 中的一两点，会比较有利，比如给双方带来的合作机会，方案提供的可持续性收益和长远价值等。当然，以上提到的这些差异是比较微

图 2-8　男性客户的关注点

图 2-9　女性客户的关注点

妙的，也会因人而异，最重要的是要注意观察汇报对象，适当地投其所好。

四、尽快建立情感连接

不管面对什么样的客户，前期都应尽快与对方建立情感连接。这里提供五个关键做法，在和对方沟通的时候要努力做到，并养成习惯。这五个做法分别是：学会用讲故事的方式传达观念和价值，采用积极的语言，注意眼神接触，积极倾听和及时反馈。这些做法会让对方感受到你的积极态度以及对他的尊重，从而增加对你的信任感。

关于积极倾听，这里告诉大家一个很有用的方法。很多人都认为自己去和业主交流的时候，都在积极倾听，但事实上会发现，每次交流完后回来总结，还是会遗漏很多重要的细节。这往往说明，你表面上是在听，但其实还没有全身心地把焦点放在对方身上。而要训练这点，可以尝试平时在与人交流的时候，听完一段话，把这段话完整复述一遍，尤其是要对其中的细节进行 1:1 还原，多练习几次后，你会发现你的倾听能力、捕捉细节的能力有了大幅提高，你才会深刻领会到什么算是真正地做到了积极倾听。

建立情感连接的终极目标其实是控场，也就是能把对方带入你的汇报节奏中，能牢牢地吸引住对方的注意力。这里有几个具体的方法和建议，大家在平时可以尝试一下。第一个方法是控制你的汇报节奏，前面讲过通过在稳和慢的节奏中增加有张力、有重点的强调，来控制输出的节奏。第二，当你需要引起对方的注意和思考的时候，最好的方法就是提问题。人都会有一种情不自禁想要找到问题答案的习惯，所以当你发现对方分心的时候，提出一个引起对方注意的问题，是一个很好的控场方式。第三个方法是学会引用相关案例，案例也是一种故事，不管是成功的案例还是失败的案例，或者其他客户的案例，都可以引起对方的兴趣。所以案例介绍法是我们在各种汇报中都可以用到的非常有效的一种手段，后面还会讲到，大家要学会运用。

五、汇报节奏的把控

在整个节奏的把控方面，还有一个小小的干货，大家如果领会好了，用好了，它会成为你的"神器"。这个干货就是"雨刷法"。什么叫"雨刷法"呢？这里涉及人脑的一个特点。人们一般都是用左脑做决定，左脑是我们的逻辑脑，用右脑讲故事，右脑是我们的情绪脑。也就是说，一个好的汇报演讲会充分调动人们的左右脑，即同时满足其逻辑和情绪上的需求。这种来回联系和摆动的方式就像汽车上的雨刷一样，使要点和故事来回切换又紧密关联。具体来说就是用故事说明要点，最后再回到要点本身（图 2-10）。

那么具体怎么把这个方法用到我们的汇报上呢？在编排汇报逻辑和汇报文本的时候，如果能把左右脑切换的节奏隐藏其中，

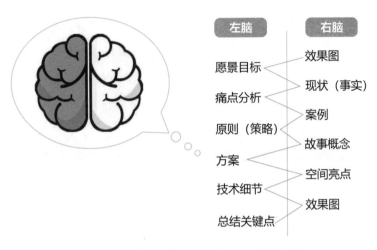

图 2-10 用"雨刷法"组织汇报内容的基本流程

就会看到不一样的效果。假设有一个竞赛文本，可以这样排布我们的汇报内容：从效果图开始（在右脑这一栏里），我们跳转到左脑，提出项目的"愿景目标"；接着再分析场地现状（这是事实部分，用到的是我们的右脑）；然后再引出痛点分析；继而是对标案例研究；再到左脑这一栏里的设计原则或策略的介绍；然后再说整个方案的故事概念；再到具体的方案介绍、空间亮点、技术细节、效果图；最后再总结关键点。其中的逻辑便是一个左右脑来回切换的节奏。图 2-11 中是一个概念方案的文本目录的案例，大家可以说出每一个部分分别动用的是左脑还是右脑吗？

在本章的最后，我想说的是"要像律师一样思考"。律师在准备自己的案件辩护词之前首先会按照对手的立场和思路做功课。所以如果你想让你的汇报百战百胜，对象分析是必不可少的工作。

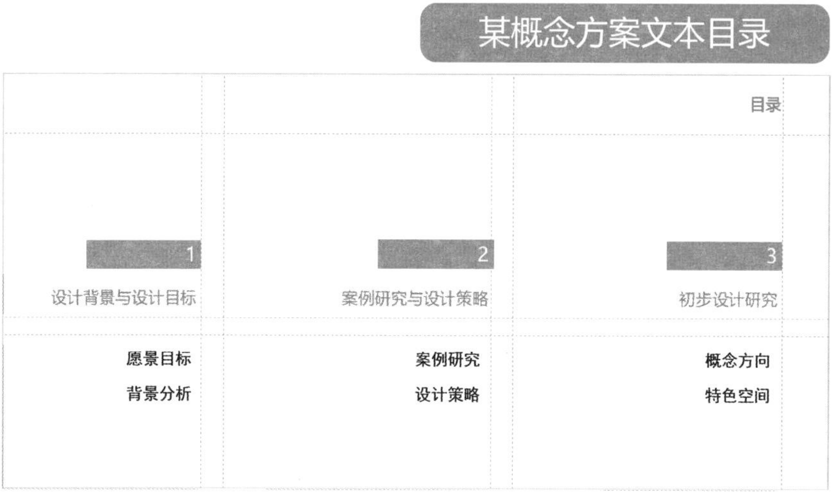

某概念方案文本目录

目录

1	2	3
设计背景与设计目标	案例研究与设计策略	初步设计研究
愿景目标 背景分析	案例研究 设计策略	概念方向 特色空间

图 2-11　某概念方案文本目录案例

留给大家一个思考题：针对最近你将展开的一次汇报，事先思考一下，参会者有哪些人，通过你的调查，他们可能会有哪些与你想要达成的目标相对立的观点，把这些可能出现的相反观点写下来，并做好应答的准备，用实践来检验一下效果吧。

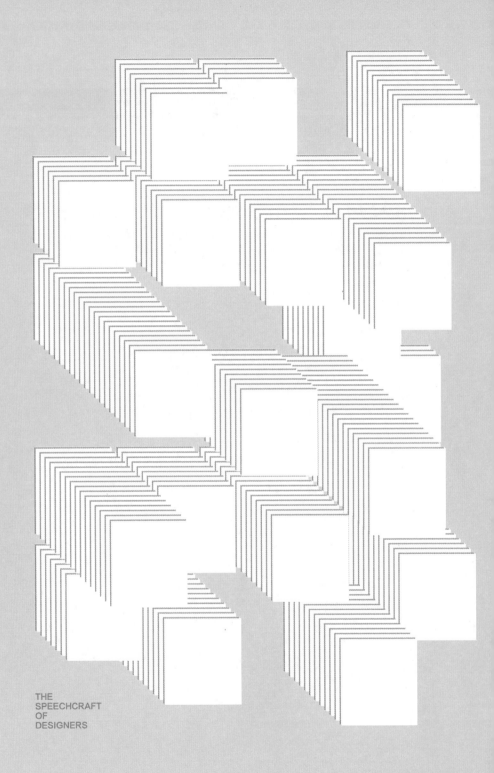

THE
SPEECHCRAFT
OF
DESIGNERS

第三章

故事线方案
汇报法

　　大家还记得，汇报准备的起点是什么吗？是的，是听众。第二章中提到了在汇报前分析听众的重要性，了解听众是为了了解其背后的目的，了解其特点和需求。听众的特点包括身份、年龄、性别、风格、专业程度、教育程度、现状等维度，需求则包括三个方面，即痛点、爽点和痒点。此外还列举了几个不同的听众类型，以及在汇报中要注意的关键点。最后，介绍了与听众建立情感连接的方法，以更好地提升汇报效果，获得对方的认同。

一、故事线法：一种汇报逻辑展开方式

这一章节，首先和大家探讨一个非常重要的汇报逻辑展开方式，即故事线法。每个人都爱听故事，好的故事能使设计概念润物细无声，能直击人心，用故事传达道理是最符合人性的方式。因此要想让你的汇报引人入胜，故事线法是一种很有效的方法。那么如何在汇报中讲故事呢？又如何讲好故事呢？接下来，我们就从挖掘故事的结构和元素入手，谈谈如何编写、传递引人入胜的方案故事。

二、高手都在讲故事

俗话说"普通人讲道理，高手都在讲故事"。事实上，我们在汇报中会讲三种故事，这三种故事分别是别人的故事、自己的故事以及方案的故事（图 3-1）。别人的故事就是我们常说的案

图 3-1　汇报中常讲的三种故事

例研究，自己的故事则指的是自己的经验心得。由于人性中有个
"怕"字，即对未知的恐惧，因此甲方对于是否采用你的方案常
常是有担心和顾虑的，而你列举的所有这些案例、有价值的经验
都是非常好的辅证方案的证据。除了前面两种，第三种是方案的
故事，就是如何构建和传达设计理念。讲方案的故事，其目的是
引发对方的共鸣体验。

下面举几个在方案汇报中讲故事的例子。图 3-2 中是弗兰
克·盖里（Frank Gehry）设计的作品——荷兰国民人寿保险公司
大楼。在这个项目的汇报中，盖里使用了故事讲述法，用生动的
方式向公众传达设计的情感和独特性。该建筑就像两名舞者，其
中左侧扭腰的形态，有"裙舞飞扬"的效果，特别像一位细腰的
女舞伴。

图 3-2 弗兰克·盖里的荷兰国民人寿保险公司大楼设计

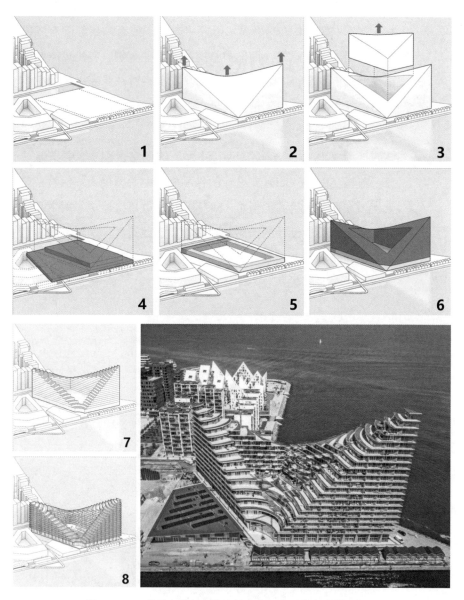

图 3-3　BIG 的丹麦奥胡斯住宅综合体项目形体生成故事线

再来看一个 BIG 公司的设计案例。BIG 公司比较善于通过故事来激发观众的想象力。他们在汇报中常用其独有的形体生成法，比如采用拉伸、抽出、挤压、切割等手法来表达方案的设计理念。图 3-3 中是丹麦的奥胡斯住宅综合体项目，其在造型上充分利用独特的地理位置，位于海港与港口、城市与自然之间，可享有独特的双重景观。在 BIG 的很多设计作品中，都有这种形体生成的故事线，这也是非常好的让造型更具说服力的一种表达方式。

再来看另一位大师的作品——诺曼·福斯特（Norman Foster）的香港汇丰银行大楼（图 3-4）。在这个案例中，福斯特提交的不是一个固定的方案，而是一种可以推导出若干不同建筑形态的策略，名字叫"阶段重生"，他通过悬吊的方式在建筑底部创造了一个 12 米高的城市公共空间。

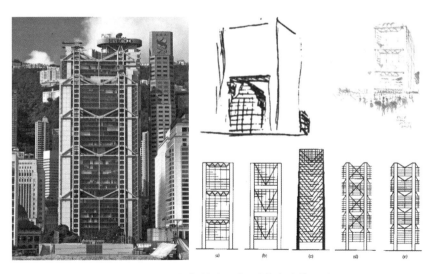

图 3-4　诺曼·福斯特的香港汇丰银行大楼设计

该设计有这样一个故事。1978 年，汇丰银行打算斥资 3 亿英镑重建总部大楼，当时的要求是"建造世界上最好的银行总部大楼"。同时，汇丰银行还提出了其他要求：为满足银行业务扩展和技术更新的需求，大楼内部应具有最强的灵活性；在原址局促的地段上迅速建成；在新楼建造期间，银行在原址还能够继续开展业务；尽可能保留原有银行的大堂。所以，福斯特提出了这个"阶段重生"的概念，即先拆除部分老楼，在其位置上新建新楼的上半部分，其间银行可以在未拆除的老楼中继续开展业务；待新楼部分建好后，银行业务转移到新楼中，此时再拆除剩下的老楼，继续完成新楼的其余部分。悬挂式结构通过不同的组合，可以使原有建筑部分或整体、暂时或永久地保留。这就产生了后来福斯特常用的一种设计语言——悬挂式结构体系。

再来看一个扎哈·哈迪德（Zaha Hadid）的作品——首尔东大门设计广场 DDP 项目（图 3-5）。在进行这个项目的创意时，哈迪德观察了从凌晨到夜晚不断变化的东大门地区，将其历史、文化、城市、社会和经济以换喻的方式整合后创造了一个新的景象，使该景象与周边地形相结合，所以她的概念是"换喻的风景"。建筑采用的参数化立面是由 45000 多块不同大小、弯曲度不一的金属面板拼接而成的，其肌理既像韩国传统瓷器纹样，又像生物在行进过程中自然拉伸的表皮。设计师还在镂空的面板中融入 LED 照明设计，夜晚降临时，墙体表面的灯光明灭隐现，宛若建筑在呼吸。在 DDP 建筑构建的场所中，时间如透明的图层般叠加，过去、现在和未来的界限变得模糊。

著名建筑师伦佐·皮亚诺（Renzo Piano）也有一个有趣的作

图 3-5　扎哈·哈迪德的首尔东大门设计广场 DDP 项目效果及理念故事

品——"布尔诺火山"商业中心（图 3-6）。这个项目位于距离维苏威活火山不远的意大利小城诺拉。其设计灵感来源于周围景观，它舒缓的斜坡造型像覆盖着绿草的小山丘从地面生长出来。结构屋顶被 2500 多株植物绿化层覆盖，能有效地为室内空间隔热，并减少大体量对视觉的冲击。在这个屋顶下其实是一个巨大的锥形商业中心。皮亚诺特别喜欢草坡，在这点上，加州科学院的波浪形绿植屋顶就是一个有力佐证。他在作品中也经常通过故事来描述设计的概念。如对于"布尔诺火山"商业中心，他描绘了这样

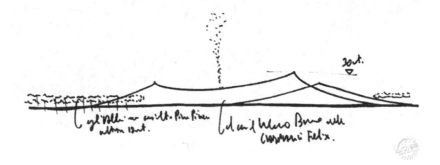

图 3-6　伦佐·皮亚诺的"布尔诺火山"商业中心效果及理念故事

一幅图景：该建筑就像是一个当代的古希腊露天集市，人们在中间空旷的场地上集会、交流，见证着不同事件的发生。

　　另一位大师让·努维尔的作品阿布扎比卢浮宫项目也源于一个动人的故事。这个设计的灵感是"光之雨"。努维尔把几何图案以不同大小和角度进行叠加重复，构成 8 个叠加层，当阳光穿透这 8 个叠加层时，就会呈现出漫射与映画效果。白天的时候从室内抬头望去，阿布扎比的阳光洒满穹顶，人仿佛置身光雨之中。

在夜晚，这一片光雨又变成了夜色下耀眼的光芒。努维尔将故事融入他的汇报中，来表达建筑与环境之间的联系和对文化的尊重。他讲述了他如何通过设计创造出一个独特而令人惊叹的建筑，以反映阿拉伯的文化和历史。一座被海水环绕，有着白色阿拉伯风格特色，悬浮在海上的艺术殿堂就此诞生（图3-7）。

　　丹尼尔·李伯斯金也是一个善于讲故事的建筑大师，他以创造富有象征意义的设计而著称。在关于柏林犹太人博物馆设计的汇报中，他利用故事来传达关于犹太人的历史、苦难和希望的信息，并将设计与观众的情感联系起来。李伯斯金将这个设计理念称作"线与线之间"（between the lines）。他以寻找柏林和犹太人的关系作为设计的出发点，在内部空间设计上将空间分为实体空

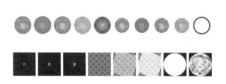

图3-7　让·努维尔的阿布扎比卢浮宫项目设计效果及理念故事

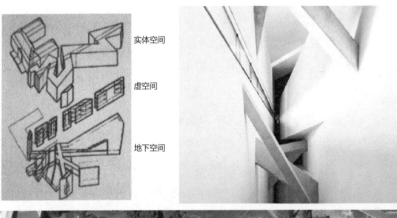

实体空间

虚空间

地下空间

图 3-8　丹尼尔·李伯斯金的柏林犹太人博物馆设计效果及理念故事

间和虚空间，通过 60 个连续的折线空间组成展厅。而决定博物馆气氛、象征犹太人命运的是那条笔直的虚线，也就是虚空间。一个阴冷得只能窥看、不能踏进的竖向的虚无空间，同时也象征着一条所谓的"毁灭轴线"（图 3-8）。

有一个大屠杀幸存者在其所著的《大屠杀的犹太故事》中，曾经写了她自己被火车运送到斯图霍夫集中营的故事。就在她放弃一切的时候，她想办法从车厢的木板缝隙中看天空中的一丝白线，其实这只是飞机飞过留下的一缕白烟，她却认为那是指引她一定能克服困难、走出牢笼的一道曙光，最终她怀揣着这个信念逃过死亡。李伯斯金在构思时也受到了这个故事的影响，并在这个故事的基础上编织了另一个关于设计的故事。

总而言之，优秀的建筑师往往也是一个讲故事的高手，他们会用故事传达理念，并让这种理念深入人心。

三、如何建构一个好故事

下面我们来剖析一下，如何建构一个好的故事呢？首先来探索一下故事的结构和元素。一个好的故事在结构上有哪些特点？我们可以回忆一下自己喜欢看的电影，看这个电影故事是否有冲突、转折、结局（悬念片也是有结局的，只是这个结局埋了个伏笔）等结构元素。电影中的冲突、转折都是为了更吸引观众的注意力，让大家不知疲倦地跟随剧情的节奏走。

在此基础上，把一个好故事拆解一下，就可以找到这五个基本的组成部分——引、冲、转、揭、合（图3-9）。具体来说，引就是指背景的叙述，它包括时间与场景、故事的主角等信息。冲则是在引之后随之而来的冲突或阻碍。当冲突发展到一定阶段，随之而来的是转，即反转，意想不到的转折。然后是揭，揭开谜

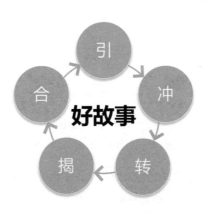

图 3-9　好故事的五个基本组成部分

底和结局。我们为了表达一个完整的故事，并点明这个故事的含义，还需要有最后一个环节，就是合。合是用来总结道理、引出感悟和输出价值观的。

一个好的故事都有一个故事线，而这个故事线是有冲突、反转的。我们在汇报时，也可以参照这个方法。很多人在汇报的时候很理性，喜欢进行很功能化的描述，对方往往听不进去。因此最好不要那么理性，可以设计一条路径，带领听众沿着你的路径，体验你为他们营造的一个个场景，而这些场景能给人很特别的、非凡的体验。这就引出了我们如何来编写引人入胜的方案，首先就是要学会描绘场景。

四、学会描绘场景

场景描绘在建筑设计范畴内主要包括四类：新的生活方式、

新的工作模式、新的居住模式和新的购物模式。比如柯布西耶在他的萨伏伊别墅作品中，就提出将"阳光、空气和绿化"作为新时代的理想生活模式。赖特在他的流水别墅设计中也倡导了一种新的生活方式。赖特反对封闭的空间，他认为封闭的空间与他提倡的自由信仰背道而驰。他认为建筑应该从生活出发，所以他设计流水别墅的基本理念就是营造一种开放的空间场景，围绕生活中所需要的一个空间向四面开放。

再来看一个欧洲建筑新人设计竞赛中"在城市中居住"的参赛方案。建筑师认为，高级小住宅的优势之一是车库与住房的紧密结合，所以他将这种想法体现在集合住宅中，将小汽车与主人的关系拉得更近，最后就形成了这样一种垂直停车库和住宅嫁接的形式（图3-10）。

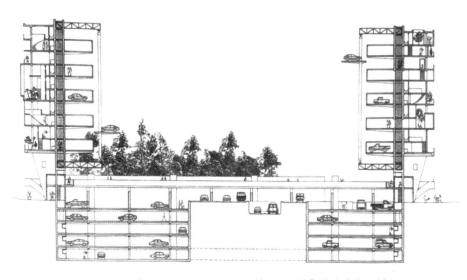

图3-10　欧洲建筑新人设计竞赛中"在城市中居住"的参赛方案剖面图

图 3-11　某项目场景表达

　　进一步从表达方式上来看，可以用小透视、剖透视、剖面图、动画等来描述场景。有的时候为了强化场景感，可以在小透视图中增加人物形象、插入对话框等来模拟应用场景，让人有种身临其境的感觉（图 3-11）。

　　再举一个具体的设计案例。笔者曾有一个项目，设计概念是"打造 24 小时健康之都"。我们用剖面图来表达不同业态在购物中心里分布的位置，描述了一个消费者来到这个商业中心一天中可能展开的活动：早晨 7 点，到屋顶花园进行都市晨跑；到了上午 10 点，在商场里接受运动理疗；到了中午，在这里享受健康有机餐饮；下午参加艺术展览、购物休闲；下午 5 点在商场中与好友聚会畅谈；到了晚上则可以看看电影、放松娱乐一下。这就是一条由时间线构成的行为轨迹，用它串联起各类业态，最后构成了一个叫"24 小时健康之都"的"故事线"（图 3-12）。

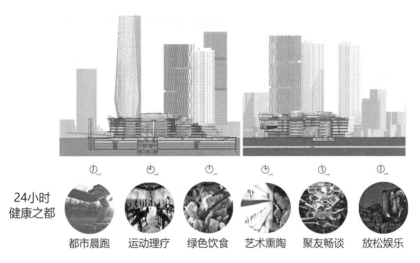

图 3-12　某商业综合体项目的设计概念及故事线表达

　　另外，我们还有一个项目，从概念到故事线再到场景表达，一气呵成。这个项目位于历史古都杭州，是一个 TOD 地下商业项目。设计概念源于场所文脉。我们溯源场地的历史，考证出它是"南宋皇城遗址的龙头"。如果消费者以此地为起点，顺着历史"龙脉"轨迹，就可以"穿越千年临安城"。因此在设计概念上我们展开了这样一个打造"南宋皇城小镇会客厅"的故事。我们想象了这样一个场景，人们可以吟诗品茶、休闲娱乐，感受皇家礼仪。在形态上用一双茶盏来讲述这个会客厅的故事。"一双茶盏"的概念又进一步幻化成以两个下沉式广场为核心的地下商业空间。在这个场景中，人们除了购物之外，还可以参加许多丰富多彩的活动，包括诗词大会、匠人大会、新年灯会、文创集市、艺人表演、亲子活动等。总之，这是一个从历史文脉出发，通过讲故事和描述场景来表达设计概念的典型例子（图 3-13）。

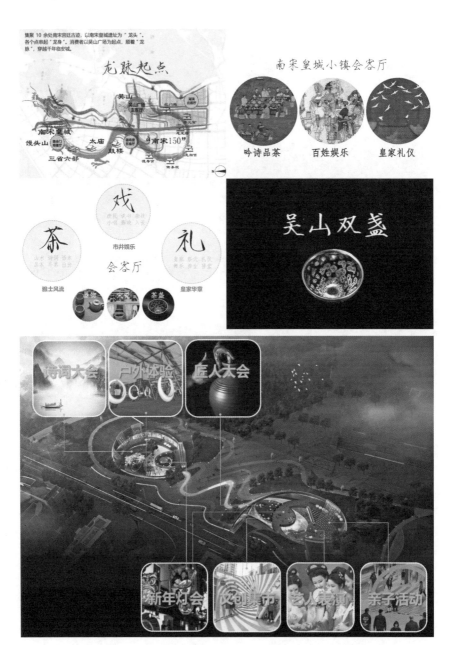

图 3-13 某 TOD 地下空间设计项目的概念及场景表达

五、让你的故事更加引人入胜

除了设计表达之外，我们在汇报的时候也可以通过声音、肢体动作甚至幽默的表达方式等来强化听众的感受，让我们所讲的故事更加引人入胜。关于声音和肢体动作的运用，在后面的章节中会有专门的讲解，帮助大家提升这方面的表现力。

不管采用哪种方式，有两点需要大家注意。第一，不要过于陶醉在自己的描述中，而忘了对方的接受度和感受。在讲述的过程中，要注意停顿和控制节奏。停顿可以留给听众消化的时间。在前文中就曾提到过，汇报要注意"稳"和"慢"，"稳"和"慢"也是为了让听众更好地理解你要表达的内容。第二，要适当增加细节描述，细节可以强化听众的体验感，比如描述一下材料的质感，讲讲有特点的细节设计等。

"幽默"这项技能如果用好了，可以强化汇报感染力和个人魅力。不过幽默感也与每个听众的性格特点、文化背景有关系。有些场景，比如政府汇报就不一定适合采用幽默的表达方式，所以在运用时要注意对象和场合。以下是一个幽默表达的汇报场景例子。

建筑师：大家好！今天我要向大家介绍一个令人兴奋的新设计，这是一个彻底改变传统的建筑概念的项目。你们是不是也厌倦了每天都看到那些千篇一律、毫无创意的建筑？（观众笑声）

建筑师：好吧，我先告诉你们一个秘密。之前，我曾经模仿过一位著名建筑师（在此使用幽默化名），我想，如果可以创造一

个建筑，让人们以为是他的作品，然后突然揭晓，告诉他们其实是我设计的，那效果肯定很有趣！（观众笑声）

建筑师：但是，别担心，今天我不会用类似的伎俩来吸引你们的注意。相反，我想通过这个设计向你们展示一种全新的理念和创意。我们的目标是打破常规，创造出一个独特且令人难忘的建筑，让人们眼前一亮！（观众鼓掌）

说完幽默表达，我们来总结一下本章要点：故事线汇报法是一个非常好用且富有效果的表达方式，希望大家今后都能学会用故事传递思想和价值。这里也留一个思考题：为你目前手上的一个设计项目构建一条汇报的故事线和相应的场景，立刻把所学用到实践中去吧。

第四章

汇报中有声语言和肢体语言的运用

上一章节中提到，用故事传达道理是最符合人性的方式。所谓"普通人讲道理，高手都在讲故事"。那么怎样在设计中讲好故事呢？关键是设计好路径，以及进行场景描绘。同时为了加强故事的渲染力，在表达的时候要注意声音、肢体语言的运用等。

一、精简表达是一种力量

这一章我们将探讨汇报中有声语言和肢体语言的运用，帮助大家提高汇报现场的感染力。关于有声语言和肢体语言的运用，对于一个专业学演讲的人来说，是必须练就的基本功。对于设计师来说，其实并不需要像一个演讲大师那样的标准和专业。但如果花点时间修炼一些演讲的基本功，对汇报效果的提升还是会有很大的帮助的。

首先，对于汇报的有声语言来说，在当下这个时代，我们要做到精简表达。因为，在信息超负荷的时代，精简表达是一种力量。精简表达看起来简单，但要真正做到却没有那么容易。所谓的精简表达是要做到这几点，即高效表达、以少胜多，并让人意犹未尽。可将其作为目标，经常对照一下自己当前的表达水平，不断地进行自我提升。

以下为精简表达的三个方法，建议大家平时结合自己的汇报多加运用。第一，是要说出本质，也就是每次汇报的内容要讲到点子上，汇报切中要害是最重要的。第二，是要多讲关键句、关键词，用一个词来描述，叫作学会"给出标题"。第三，是很多设计师容易忽略的，就是控制时间。举个例子，有些重要的投标项目会有明确的时间要求，比如要求设计师做 15 到 20 分钟的设计陈述，这个时候就需要事先演练。一般这样的汇报，建议将 PPT 控制在五六十页以内，并且讲述内容要突出设计的重点和亮点（图 4-1）。

图 4-1　精简表达的三个方法

　　其实真正的精简不仅仅在于表达上，更重要的是思维。我们只有通过深度作业才能获得独特视角，从而说出内容的精华部分。所以大家要先从训练自己对设计的思考开始。那么如何进行所谓的"深度作业"呢？设计在于洞察和思考，我们应先从"为什么"开始，不断对设计的出发点和底层逻辑进行追问。在每次汇报前不断梳理和厘清自己的解题思路和逻辑结构是必做的功课。只有逻辑结构清晰了，汇报文件才算梳理完善了，最终的汇报才能呈现得有条不紊、环环相扣。

　　在汇报的时候要注意学会用平实简单的语言去陈述。尤其是对于复杂理念，不要只会用专业术语来描述，这样对于一些非专业的甲方来说接受起来就会比较困难。所以最好的方式是学会用一些巧妙的比喻来对复杂理念进行转译。比如在介绍商业的动线时，可以向甲方如此描述：这就像人体的骨架，是基本结构，只有这个骨架搭好了，后面的店铺设计和规划才能合理。采用这种比喻的方式，可以把要讲述的内容化繁为简，是一种真正的"智慧的简洁"。

二、独特的语言风格

其实每个建筑大师，也一定都是方案汇报和表达的高手，至少他们具备把自己的方案卖出去的能力。而且每个大师都有其独特的语言风格，这个风格也一定是和他本人的性格、作品的个性等相协调的。这里先简单介绍几位。赖特是美国著名建筑师、现代建筑的先驱者，他在方案汇报中会表现出强烈的自信和一种创造力。他的声音富有节奏感，并且，他喜欢使用强烈的语气和较高的音量来突出设计理念，并通过对话和互动来吸引听众。

我们再来看另一个大师路易斯·康。路易斯·康是20世纪最杰出的建筑大师之一，据记载，他的声音表现出温和、平静和冷静的特点。他的发音非常清晰，声音的韵律和节奏稳定，目的是让听众把注意力集中于他的设计理念和细节上。

托马斯·赫斯维克被称作当代设计"鬼才"，他是近年来热度比较高的一位建筑大师。托马斯·赫斯维克的声音具有充满激情、艺术性和探索性的特点。他喜欢使用富有节奏感和音高变化的语气来突出设计思路和艺术风格，也常常使用对话和互动来吸引听众的兴趣。

伦佐·皮亚诺是意大利建筑大师，他的声音表现出非常激动人心、充满激情的特点。他的语调和音量相当高，用以突出设计的重要性，并表达热情。他常通过幽默和故事与听众建立联系，吸引他们的注意力。

皮亚诺曾在 2018 年发表过一个 TED 演讲，演讲题目是《建筑是说故事的艺术》，他在演讲中说道，建筑设计就是一门"讲故事"的艺术，虽不同于拍电影或写小说，但仍是在叙述处于建筑学与人类学之间的复杂故事。他说了他个人的故事，从对帆船的热爱，到建筑轻盈的表达语言，形成了他独特的个人风格。他说他喜欢用简洁、轻盈的材料和表达方式来应对脆弱和复杂的城市生存环境。该演讲值得一听，既可以领略到这位大师的讲述风格，也可以更深刻地理解他的设计哲学观。

三、汇报对声音和语调的基本要求

从这些大师的演讲方式和汇报特点中可以看到，每个人的表达风格都是与他本人的特点和个性相一致的，甚至形成了他自己的语言风格。语言风格首先是建立在汇报表达基本功上的。因此在初级阶段，还是要先锤炼一下表达基本功，然后再融合自己的个性。

在汇报演讲中，对于声音和语调有什么要求？这里笔者总结了六点（图 4-2）。第一点是发音。发音要清晰、准确、有力。有些人说话不清晰，如果是这种情况，就要一方面锻炼普通话，减少过重的地方口音，另一方面要加强唇部力量，使声音更有力、

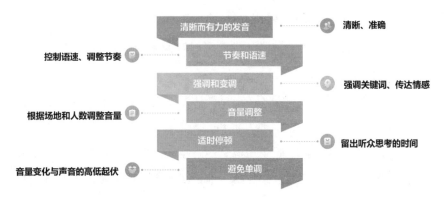

图 4-2　方案汇报对声音和语调的六大要求

更清晰。第二点，是要注意控制语速、调整节奏。第一章就提到过，汇报开头要稳和慢，也就是说控制语速很重要。

但是光靠稳和慢还不行，如果汇报的时间比较长，用同一种语速和节奏来汇报就会出问题，时间长了，听众会感到疲倦，信息接收度也就会越来越低。所以这时候要学会运用第三点，即强调，通过对关键词和句子的强调，来吸引注意力和传达情感。

第四点是注意音量的输出。我们常会发现，有些人汇报的时候声音特别轻，不用话筒的话，远处的人就几乎听不到，这一方面会影响汇报效果，另一方面也会让人感觉汇报者不太自信。所以要根据场地和人数去调整音量。比如今天人比较多，场地比较大，那就要适当提高音量，以保证大部分人都能听清楚、听明白。

第五点是适时停顿，给听众留出思考时间。第六点是让声音有一定的高低起伏、抑扬顿挫，以更好地吸引观众的注意力。当然认识到以上六点还不够，还需要大家平日不断练习，熟能生巧，从而形成"肌肉记忆"。

四、如何提升声音的表现力

那么如何做到上一小节中所说的六点呢？这里是有方法的。如果想要提升声音的表现力，让自己说话富有节奏感、抑扬顿挫，一个好的方法就是大声朗诵诗歌。建议可以每天用 5 到 10 分钟时间来做练习。如果你本人汇报时声音比较轻，那就要注意在练习的时候多用大声讲话的方式，平时适当地"过度"，在关键时刻你才有可能做到适度。

不知道大家有没有出现过汇报时间一长就容易声音嘶哑的情况，如果要改变这种情况，就要多练习胸腹联合呼吸法。我们平时讲话常常用的是胸式呼吸的方式，这会使你的声音比较容易尖和高，而且无法持久。所以多练习胸腹联合呼吸法对于提升演讲声音的磁性和持久性会有很大的帮助。

另外也建议大家平时经常为自己的汇报录录音，并回听一下你的声音。只有不断总结，才能实现自我的快速提升。可以多做声音训练，这样能让你的声音逐渐变得有力量（图 4-3）。

大声朗诵诗歌　戏剧性与声音的表现力

"过度"才能适度　大声有力地讲话

胸腹联合呼吸法　让声音更持久

录音并回听你的声音　不断总结和自我提升

图 4-3　让你的声音更有力量的声音训练方法

五、汇报演讲中手势的运用

　　练好声音还不够，在有些大型的述标、演讲场合，有时还需要结合手势的运用。手势用得好，可以提高你的语言表现力度，并且深深地吸引住听众的注意力，让听众记住你所要强调的关键信息。来看一下图4-4中的这两张演讲照片，当照片中的这个人用他的手势来配合他的表达时，看起来是不是更引人注意呢？

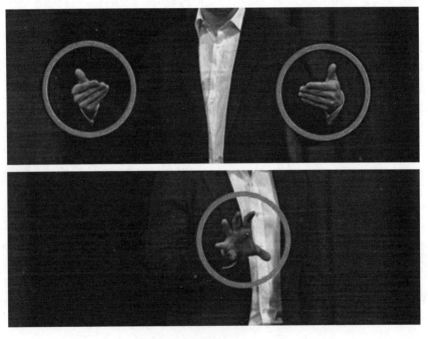

图4-4　用手势动作配合表达

在汇报中如何运用手势？下面介绍一个自然手势的"3R 理论"。"3R 理论"指的是在做手势过程中最常见的三种状态。一种是准备姿势（ready），一种是做手势（release），还有一种是放松（relax）。在汇报和演讲过程中，要注意自然地切换，不要一直停留在一种状态，这样才能让你的汇报演讲看起来更自然。如图4-5 所示，德国前总理默克尔有一个属于她个人标签式的经典姿势——"菱形"手势，这即是一种准备姿势。

为了更好地理解这三种状态，请参看图 4-6 中的三张照片。

图 4-5　"菱形"手势作为一种准备姿势

图 4-6　自然手势的"3R 理论"

图 4-6 中，最左边的就是准备姿势。所谓准备姿势，就是要打开手做姿势的准备状态。中间的是做手势的状态，可以用双手，也可以只用单手，或者单双手切换使用。最右边是放松状态，一般在做手势动作的间隙，可以穿插一下放松状态，其作用是让听众不至于一直处于紧张的信息接收状态中。这三种动作的自然切换和组合，需要不断练习。刚开始动作可能会比较僵硬，或者是会一个动作做到尾，但只要我们不断地注意自己的动作，不断练习，最后就可以达到一种自然的状态。

下面再来具体说说常用的手势动作。这里介绍三种使用频率较高的手势动作。第一种是双手张开、手掌朝上的手势。这个手势常常用来表达或呈现一种事实或者是观点。第二种是单手或双手侧立。这是一个竖劈的手势，你可以把你的手想象为一把锋利的斧头，呈现出劈下去的感觉。这类手势一般用作强调的意思。第三种是描述的动作，用于辅助表达信息，这类动作各式各样，大家要根据表达的内容灵活变换。比如说到数字，就可以用若干根手指来表达数值或作强调。说到形状，我们在汇报时也可以用手势来比画这个形状。

这里须提醒一点，大部分的手势都适合在腰和肚脐的高度来做。你可以想象自己是在一个"架子"上做手势。之所以推荐这个高度，是因为在这个高度上做动作看起来是最舒服和恰到好处的。为了加深大家的印象，请参看图 4-7 中具体的演示图片。在左边这张照片中，演讲者采用的是双手张开，掌心朝上的手势，虽然我们不知道她具体说的是什么，但可以猜测这一定是在陈述一个事实或者表达一个观点。中间这张图中类似竖劈的手势常用来强调观点。右边这张图中的手势动作则用来做辅助表达。

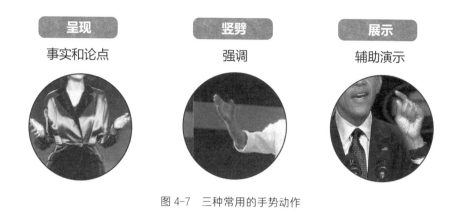

呈现	竖劈	展示
事实和论点	强调	辅助演示

图 4-7 三种常用的手势动作

六、面部表情的基本要求

除了声音、肢体动作外，面部表情也很重要。俗话说，微笑是最好的通行证。在大部分情况下，我们要注意避免拉着脸或者面无表情，因为这可能会给人留下愁眉苦脸的负面印象。适当的微笑常常可以让你在汇报演讲时看起来更自信。每当大家感到自己前额肌肉和眉头紧锁时，要有意识地提醒自己，提起双眉，轻松活动一下嘴巴，这可以让你的面目表情看起来更自然、更放松，笑容也不会那么僵硬。

有的时候因为紧张，或者缺乏经验，或者不够自信等原因，我们常常会避开和听众的眼神交流。这也是不太好的做法，这会让你看起来不那么自信，最重要的是这还可能会降低对方对你的信任感。

我们要训练自己用眼睛"倾听"，保持眼神专注，和对方进行适当的眼神交流。比如发言前要环视一下所有人，在专业演讲中常常会特别强调这一点，因为这是一种非常重要的控场技巧。很多设计师会有一个通病，就是汇报的时候老是盯着自己的电脑或者投影屏，甚至都不会去注意听众的表情。笔者经常看到这样的场景：汇报的时候坐在对面的甲方已经听得不耐烦了，露出不悦的表情，而设计师还毫无觉察，依旧盯着投影屏汇报，着实令人尴尬。所以我们在汇报时，要提醒自己抑制住总是想盯着电脑或投影屏的冲动，学会适时地看看听众，看一下大家的反应，并有适当的眼神交流。

七、如何克服口头禅

除了上面所说的声音、肢体动作、面部表情等注意点外，在汇报中还有一个容易踩坑的点，那便是口头禅。很多人说话都带着口头禅，尤其是在一时卡壳的时候，就会出现如嗯、啊、然后、这个等口头禅。这些都是表达中的"噪声"，很容易分散对方的注意力，让你显得啰唆，所以要尽可能地减少口头禅或者将它完全克服。

那么如何做到这一点呢？这里是有技巧和方法的（图4-8）。一个方法是在汇报时要放慢语速。放慢语速很重要。很多时候我们因为嘴巴比脑子快，说话太快却来不及思考，就会不由自主地用一些口头禅来填充话中的空白。所以要学会让自己放慢语速，并做到边说边思考。同时，还可以有意识地用停顿来代替自己日

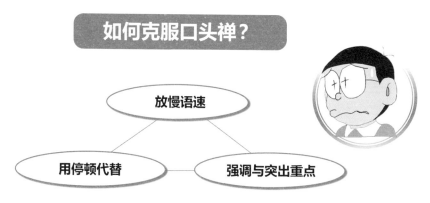

图 4-8　克服口头禅的三个技巧方法

常习惯说口头禅的地方，这需要大家在讲话的过程中有很强的知觉，时刻保持警惕。还有一个方法是学会强调与突出重点，就是局部加快节奏或者运用重音强调的方式，在汇报中形成快、慢、快、慢的节奏感。

建议大家用以上方法来练习一下，可以自己每天录一小段话，然后听一下其中出现口头禅的地方，再复述一遍，尽可能用停顿来代替口头禅。通过这样不断练习，你就可以大大减少口头禅的出现频率。

八、三个练习

本章节中的很多知识点是需要不断练习才能真正内化和吸收的。我们常说，知道不等于做到。从知道到做到，中间还有很长的路要走。所以大家若能从今天就开始练习，相信三个月后就可以有很大的进步和突破。

第一个练习是重音和达意的练习。可通过重音使说服力最大化。重音其实就是需要强调的地方。不同的音量、音高、时长的变化都可能会起到这种强调的效果。我们要关注每句话中想要具体强调的词汇。对于所要强调的词汇的选择，是和我们表达的目的密不可分的。例如以下这三句话，如果把这些加粗的字用强调的方式读出来，那么这三句话在含义上是否有所不同？

① 必须引起**重视**。

② 必须**引起**重视。

③ **必须**引起重视。

我们在读的时候可以发现，强调的位置不一样，表达的意思也就不一样了。第一句将强调放在最后一个词上，其实说的就是"重视很重要"的意思。第二句强调在动词"引起"上，体会一下就会发现，这种强调方式有呼吁行动的意思。第三句强调的是必要性。由此可见，在表达的时候要注意强调的内容与目的必须高度一致，这样强调才能起到好的效果。

日常中，可以任意找些新闻片段，看看能否根据自己对这篇新闻内容的理解，找出其中需要强调的部分，并用重音方式读一遍。

第二个练习是消除口头禅的练习，这个练习可以每天抽时间做。方法就是大声说话10分钟，并且边说边关注其中感觉要说口头禅的地方，并刻意地用停顿来代替。平时也可以利用一切机会来消除口头禅。比如与朋友闲聊时也可以练习消除口头禅，这也是将注意力集中在消除"嗯""呃"上的最佳时机。

第三个练习是手势练习，该练习要求协调手势和语速。可以用手势来配合重读的部分，比如采用前文所讲的三种状态和三种手势动作。刚开始练习时必须掌握的是放慢语速，同时放慢手势。可以对着镜子练习，或者用摄像机录下来，看自己的动作和表达是否协调。只有不断练习才能够形成肌肉记忆，不要担心刚开始动作有点僵硬或者手舞足蹈。请记住，一开始一定要慢下来，后面再快。

总之，任何一项技能，越复杂，就越需要练习。当你对于某种技艺的练习量积累到一定程度时，这种技能就会成为你与生俱来的本能，一切就会变得自然而然了。但刚开始练习的时候，我们还是要记得"忘记完美"，行动起来最重要。

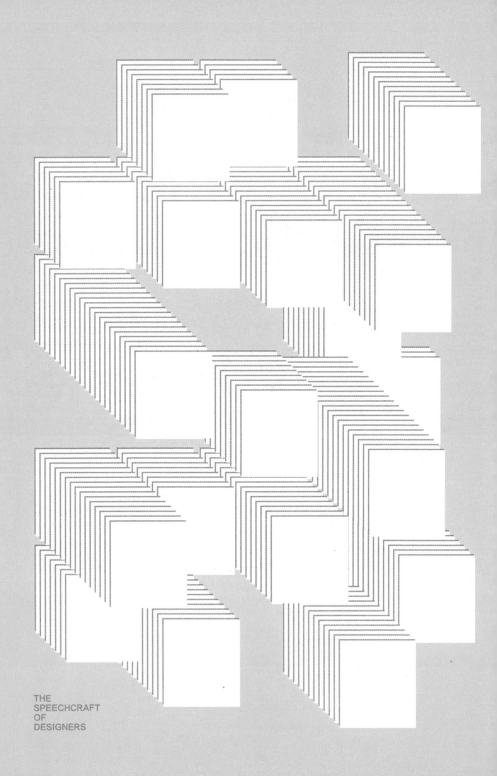

THE
SPEECHCRAFT
OF
DESIGNERS

第五章

设计汇报中
的演讲技巧

上一章节中提到，汇报的语言要做到精简表达；关于声音和语调要做到六点；关于肢体动作，要掌握 3R 理论和三种主要的手势动作，并要多练习、多巩固。

本章节将进入真正的实战中，探讨汇报中的演讲技巧，包括如何处理汇报的开场和结束，如何设计汇报的演讲结构，以及如何进行方案汇报的时间管理等重要问题。

一、汇报演讲的基本原则

首先了解一下汇报演讲的基本原则，这些原则是我们组织汇报内容所要达到的基本要求。

这四个基本原则是：一，目标明确。就是指在每次汇报前，一定要思考一下这次汇报的目标是什么，以及向谁汇报，是为了解决什么问题或者推进什么工作等。要把目标先想清楚，才能更好地组织汇报内容。二，结构清晰。汇报内容的逻辑性很重要。只有逻辑清楚了，才能使汇报更流畅，也更有说服力。三，简明扼要。第四章中曾提到，汇报语言能达到的最高境界是精简表达，也就是尽可能保持简明扼要。简明扼要一定要建立在前面所说的目标明确和结构清晰的基础上。四，言之有物，也就是说要有扎实的内容，有一定的信息量，最好有一定的意义传达（图 5-1）。

图 5-1　汇报演讲的四大基本原则

二、汇报中的基本技巧

　　基于汇报演讲的四大基本原则，以下总结了实际汇报中可能会用到的四点技巧。第一点是准备好开场（开头）和结尾。我们常说，当一次汇报的准备时间很仓促的时候，最有效的方法就是先准备开头和结尾。心理学上的首因效应和近因效应，说的就是，人对于最初印象和最近的印象是最深刻的，因此准备好开头和结尾具有事半功倍的效果。

　　第二点是要善用视觉辅助工具，包括 PPT、动画、模型等，这个大家比较熟悉，在此就不展开叙述了。再看第三点，这也是大家比较容易忽略的一点，就是学会强调亮点，在方案、投标和竞赛类汇报中，我们尤其要重视这一点。亮点包括哪些呢？比如创新性、可行性、可持续性等都可以成为亮点。在每次汇报前一定要缕一缕，我的设计中最大的亮点是什么？该如何表述？该如何强调？一般除了要在汇报中介绍设计亮点之外，在最后汇报总结的时候，还要再次强调一下亮点，目的就是加深听众的印象。第四点是要注意互动和接受反馈。我们在汇报时要保持一个开放的心态，要注意倾听，并与对方进行适当的互动（图 5-2）。

图 5-2　汇报演讲的技巧概述

三、向成功的演讲者学习

上面介绍了汇报的一些基本原则以及技巧，此外，向成功的演讲者学习也是一个重要技巧，那么，我们该向他们学习什么呢？以下总结了成功演讲者身上值得学习的优点。

根据笔者自己参加的一些演讲比赛，以及其间对成功演讲者的观察，发现他们具备以下几个共同点：自信、热情、丰富的知识储备和清晰的思维能力。所以我们如果要成为演讲高手，也要从这几个方面的培养入手。

首先在情绪状态上，每次演讲都能保持一种自信、热情的状态是很重要的。只有具备了这样的情绪状态，才有可能感染到听众，才能让别人接受你的方案。所有的一切，首先基于你对自己的方案是否有足够的自信和热爱。

其次是知识储备。知识储备是基础的东西，要想获得它，就需要我们不断去学习，精进自己的专业知识，同时了解社会、了解世界、了解生活的方方面面。一个知识储备量丰富的设计师在听众的眼里才是最有人格魅力的。

最后是思维清晰，这也是一个基础素养和能力。一个人的思维能力体现在汇报表达的逻辑，以及他（她）应对业主意见的能力上面。成功演讲人士普遍采用的方法就是平日多磨炼讲述技巧，在每次上台前都为这次演讲做好充分的准备。

所有这些都离不开反复的练习和实践，对于学演讲的人来说，就是要利用一切机会上台，在经历中成长。而对于想成为汇报高手的设计师来说，就是要利用一切机会去实践和提升自己的汇报能力。

四、汇报的开场：开头五部曲

下面具体介绍汇报的开场应该怎么做。心理学家发现，要给人留下好印象，你只需要七秒钟，这就是所谓的"七秒钟法则"。由此可见开头有多重要。你给他人留下的印象，可能就来自你出现的那一刻。

好的印象来自多个方面。比如，你汇报时的着装是否正式，是否干净、整洁、利落，都会影响到别人对你的印象。

就汇报开头来说，以下整理了一个比较好的套路或者模式，大家可以结合自己的汇报实践勤加练习。这个开头的模式叫"开头五部曲"，分为问候介绍、简介目的、自我介绍、宣布纪律和内容引出这五步，下面将进行一步步拆解（图 5-3）。

第一和第二步，即问候介绍和简介目的，一般我们会一句带过。比如说，"尊敬的各位领导，大家上午好！非常荣幸我今天能代表 ×× 公司来给各位做 50% 方案汇报！"这段话其实就表达了

图 5-3　汇报的开头五部曲

两层意思：一层是和大家打招呼问候，来拉近和听众的距离；另一层是说明来意——我今天是来做汇报的，汇报的内容是 50% 方案。这样表达既清晰又简洁，而且这确实是一个不太容易出错的开场白，建议大家就开头两句可以反复练习，直到能脱口而出。

第三步是自我介绍，包括名字、职务、项目业绩、合作或服务过的公司等。这一般是用在初次见面的场合，这样的介绍可以提升对方的好感和信任度。但如果双方已经比较熟悉，不是第一次见面了，这个自我介绍就可以省略。自我介绍看似简单，也需要仔细准备和练习。我们要把它当作是一种塑造个人价值的方法。建议各位读者自己编写一段常用的自我介绍，在需要的时候就可以脱口而出。

这里有一段模板，大家可以参照着来填充自己的内容："我叫×××。作为 ××× 的设计总监 / 团队主创，我带领团队完成了×××，服务了 ××× 知名企业。我们专注于×××，最擅长×××，在 ××× 领域积累了丰富的项目经验。在本项目中，我相信凭借我们的经验和实力，一定可以为您提供专业的建议，满足您的需求，帮您解决问题。"

第四步是宣布纪律。这一点很多人会忽略，反之，这一点如果能做好，可以为你的汇报加分。宣布纪律简单来说就是告知对方本次汇报的时长。告知时长，可以让对方更好地建立预期，己方也可以表达尊重和专业性。举个例子，我们可以这样说："我的汇报时长约为半小时，如有任何问题，可以在我汇报结束后再为大家一一解答。"

第五步是内容引出。这里有三种方法。第一种是目录框架介绍法。具体来说就是把接下来要汇报的内容目录介绍一下，目的是让听众对这次汇报的内容有一个大概的了解。第二种叫作"给出一个问题"法，就是在展开汇报内容前先提出一个问题，这个问题应是对方关心的，或是可能对对方来说比较重要的。比如说有一个商业项目，周边已经建有一些商场，面对核心商圈内的竞品，针对本项目，我们就可以向业主提出这样一些问题，即如何提升本项目的竞争优势，如何实现差异化竞争等，以此来引发对方的思考。这种方法是在潜意识上降低对方的优势，来使对方产生弥补差距的冲动，即通过制造所谓的"缺口"，来引爆动机。

　　与之相反的是第三种方法，叫作"给出一个机会"法，也就是前文在第二章中所讲的找到对方的"痒点"。可通过分析对方的资源禀赋，而提出一个令对方期待的愿景。这里有一句话希望对大家有所启发："如果，你想造一艘船，首先要做的不是催促工人收集木材，也不是忙着分配工作和发布号令，而是激发他们对大海的向往。"

　　当然，上面的方式可以组合来用，比如既讲对方的问题，也分析对方的机会，这样的效果会更好。

五、汇报的结束五法

　　下面要介绍的是与开头五部曲同等重要的内容——汇报结束的方法。很多人会忽略掉汇报如何结束这个点，其实好的收尾会给人留下更深刻的印象。拿破仑曾说过，"最后五分钟决定兵家成败"。很多人犯的错误就是没有结尾，或者草草结尾。比较常见的情景就是汇报到最后戛然而止，或者简单地以"谢谢"结束。但是真正好的结尾是要有存在感的。结尾的最高境界是"不要画句号"。这句话怎么理解呢？就是说你的汇报结尾在情绪状态上应该还是保持上扬的感觉，并且要有点睛之笔，给人意犹未尽或者酣畅淋漓之感。接下来请判断一下，下面两种做法，哪种作为结尾更好？一种是在结尾制造巅峰体验，给人以"点亮一盏灯"的感觉。另一种是宣布结束式，即"我的汇报就到此结束，谢谢"。哪个效果更好？显然是前一种。

那具体怎么做到所谓的"制造巅峰体验"呢？这里笔者整理了可能会用到的五种常见方法（图5-4），这五个方法大致可以分成三个方面：一是对价值和亮点的重申或者强调；二是对于未来前景的展望或者一些更高维度的见解；三是提出或总结一些问题，提请业主决策。前两种比较适用于方案前期或者投标阶段，最后一种比较适用于项目中间推进的阶段。

建议大家可以结合自己目前在手的项目情况，针对最近一次将要展开的汇报，试着尝试一下其中的某个方法，一定会取得你所意想不到的效果。

图5-4　汇报结束五法

六、汇报的基本结构：三明治法则

讲了开场和结尾，下面再来说说设计汇报在演讲结构上的要点和一些基本的操作原则，以便让大家的汇报看起来逻辑性更强、更清晰、更吸引人。这里首先提出一个基本法则，即三明治法则，这是一个保证一场汇报完整、清晰的最底层的原则。

三明治法则具体怎么用？这里以一种基本的汇报结构为例，最先是开场白或者一段引言，然后是内容，最后是结论，这就构成了一个基本完整的汇报结构。还有一种是先说一个要点或者结论，然后再说支撑这个结论的论据或者是故事，最后再次强调一遍结论或要点。这也构成了一个完整的"三段式"的论证结构。不管是在一个大的汇报中，还是传达一个局部的观点或建议，都可以采用这种三明治法则来组织汇报内容，三明治法则会让我们的汇报看起来比较清晰和完整（图5-5）。

图 5-5　汇报的基本结构——三明治法则

在这个基础上，为了增加汇报内容的吸引力和说服力，还有一些更复杂和精妙的"结构"。比如故事线法，在第三章已介绍过，其实这本质上也是一种三明治法则，只是在开头和结尾中间，还加入了冲突和反转的环节，以此来增加故事的表现张力。

例如向对方介绍以往的一个项目经历："×× 业主一开始找到我们，但是他觉得我们的报价高了，后来正好有另一家他们长期合作的设计院价格更便宜，所以他们就选了这一家。但是全部设计做完后发现招商困难，原因是动线有比较大的问题，还有很多原来在规划上没有考虑清楚的地方。后来他们又找到我们，但这个原本挺好的一个新建项目现在已经变成了改建项目，对于业主来说，不仅浪费了时间，成本也远远超支了。最后总结的教训就是，还是应该请专业的人做专业的事，否则代价太大。"经过拆解可知，这段介绍采用了"故事线"组织法，尽管中间增加了冲突与反转，但仍然是"引出 - 内容 - 结论"这样的三明治法则。

七、汇报的逻辑框架

除故事线法外，内容组织的另一个方法叫逻辑法（图 5-6）。说到逻辑法，就要提到各种逻辑框架。对于这些逻辑框架，大家如果能熟练运用，那么不管是在方案汇报还是在应对对方提问的时候，都能起到事半功倍的效果。常见的逻辑框架就是从分析问题开始，到提出策略，再到设计提案，最后是做总结。"提出策略"是一个承上启下的工作，很多设计师会忽略，但这个工作却

图 5-6　方案汇报的两种内容组织方法

非常重要，做好了可以体现出设计师的专业性和对问题的洞察与思考，而且会使得后面的提案更有说服力。因此，策略是一个强有力的铺垫和引出后面设计成果的工具，大家要多加运用。

在汇报中，讲故事固然重要，但我们会发现 80% 以上的汇报采用的其实还是逻辑框架法。下面列举两种常用的逻辑框架，学会运用对于我们完成一段小的发言或者一个简明扼要的汇报会大有帮助。

第一种叫 PREP 模式，常用于论证一个观点的时候。所谓 PREP，就是先说观点，再说理由，再说一个支持这个观点的案例，最后再回到观点的表达方式，这同时也是一个很强有力且实用的说服公式。

举个例子，某次就商业设计前期的交通研究问题，笔者为了说服业主展开了这样一段话："×× 总，您好。说到聘请交通顾问这个问题，我们在做商业设计的时候，前期往往会找交通顾问做详细的交通条件评估和研究，原因是交通对于商业客流的导入太重要了，如果交通条件不好，就会影响未来的运营，而这个需要在前期设计方案的时候就进行充分考虑。比如我们之前有一个市中心的项目，它不靠地铁，而且当时由于场地条件的限制，车位配置不足，我们提醒了业主，但对方未予以重视。结果开业后不久因停车条件不好，导致商业运营欠佳，而且后面要改造就非常困难了。所以说前期的交通规划很重要。"在这段话中，就是运用了 PREP 说服框架来表达的。

第二种逻辑框架叫 FABE 法则，这个法则常常用于描述亮点和塑造价值，其对于方案推销也很适用。所谓 FABE 就是指特点、优点、好处和证据。仍以上述类似的交通话题为例，可以这么表达："董事长，您好。我们这个方案特意比规范要求多设置了一些停车位，看起来可能会增加成本，但却对您这个项目未来的运营大有好处。您看这个项目虽然不靠地铁，但靠高架，如果停车方便，很多周边甚至离得比较远的中产阶级家庭就会乐意到您这里来消费购物，这样您这个项目比起周边的其他项目就更有竞争力。比如我们之前设计过的另一个项目，和您这个项目条件差不多，我们每 100 平方米商业面积配置了 2 个停车位，后来实际运营起来发现，这个配置真是具有前瞻性，该项目比周边任何项目的客流和收益明显都好很多。所以我建议我们这个项目也可以适当提高一下停车位比例。"这样的表达就十分清晰。

不管是采用故事线法还是逻辑法，都可以同时运用在第二章中提到过的"雨刷法"，就是要在理性的说明和故事、案例表达之间做适当的切换，使听众左右脑并用。比如可以先陈述事实，再讲一个故事，再论证，再列举……这样你的汇报就可以牢牢吸引住听众的注意力。

八、如何保持汇报的流畅感

保持汇报流畅感的其中一个技巧是注意衔接和过渡。具体来说，就是每一个新出现的内容必须建立在之前讲述的内容的基础上，形成一种循序渐进、层层推进的感觉。大家可以注意一下本书中的一些表达方式，例如经常采用一些衔接词句，像"之前讲过……，所以……""还有""既然如此""但是"等。在汇报中应多用这些衔接词句来做内容之间的过渡，这样就可以让你的汇报听起来更清晰、更顺畅。

九、汇报的时间管理

在时间管理上，大家也要注意训练，提升自己对于时间的敏感性。尤其是在面对高层管理者时，他们的时间很有限，因此缺乏耐心，所以做好时间把控就非常必要。

以下是几个把控时间的方法（图5-7）。汇报前的材料准备很重要，比如说PPT页数的控制。一般当汇报时长需要控制在20分钟以内的时候，建议PPT不超过60页。另外就是勤于练习预演，自己用闹钟卡时间，多练几次，对汇报时间的把控感就会明显提高。

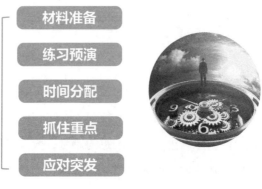

图 5-7　方案汇报的时间管理技巧

　　还有在汇报时，要注意时间分配。根据内容的重要性和准备的时间来分配汇报时长。比如笔者经常看到，有些设计师做效果图用了很长时间，花费了很多心思，但汇报时却三言两语带过，导致这个设计效果没有通过语言得到进一步强化，这样十分可惜。所以准备得越久的东西，越要想好怎么去表达。也可以说，良好的时间分配，其实就是区分主次、抓住重点。

　　最后一点是应对突发情况，这在投标和竞赛中尤其重要，我们要考虑现场可能发生的任何情况，提前准备预案。比如20分钟的汇报，我们可能要另外准备15分钟、10分钟两种汇报方案，以应对现场的偶然事件，像领导突然因为其他重要事情要提前离开，需要你简明扼要地表达等。还有一个小小的技巧就是提前练习结束语。如果出现突发事件，需要提早结束，我们要学会快速说出重点，并妥善结束。这些内容都需要大家平时结合自己的汇报实践，多琢磨、多练习。

十、令人印象深刻的"超级符号"

除了汇报流畅、时间管理精准之外，如何能让听众对你的印象更为深刻？让听众记住你的方法有很多，从方案的维度来看，有一个技巧就是塑造概念精神的象征符号，我们称之为"超级符号"（图 5-8）。为什么 BIG 设计公司的设计那么富有感染力，一方面与其对于形体逻辑生成的描述很简洁有力有关，另一方面也与其善于运用符号有关。

在重庆马戏城项目中，BIG 就用了一个抽象的符号来展现其设计的造型特点，即模拟山体地形形成的人工地景式建筑，在建

如何让听众记住你?

"超级符号"|概念精神

莫比乌斯环　　　　　　　　　　芝加哥云门雕塑

图 5-8　用"超级符号"让听众记住你

图 5-9　BIG 的重庆马戏城方案设计

筑室外也创造了类似形态的城市公共空间（图 5-9）。一般来说，BIG 的符号设计主要都是从抽象形态出发的。

　　总之，通过开头、结尾、逻辑框架、"超级符号"等方面的修炼提升，可以让我们更好地去驾驭每一次汇报，通过每一次成功经验的积累，可以帮助我们逐渐建立起专业自信。

第六章

设计方案
汇报中的情感
共鸣与共情

第五章阐述了汇报的四个基本原则：明确目标、结构清晰、简明扼要和言之有物。之后，探讨了开场和结束的方法，即开头五部曲和结尾五法。此外，还介绍了如何搭建汇报的逻辑结构，以及一些比较常用的逻辑框架或模型，比如 PREP、FABE 法则等，对此要学会灵活运用。

　　本章节将探讨在汇报中如何使对方形成情感共鸣与共情。一般当我们把汇报逻辑梳理清楚后，就已经达到了基本的汇报要求，能够清晰、准确、简洁地介绍我们的设计方案。但是这还不够，因为好的汇报，把问题讲清楚只是第一步，同时还要能够说服对方，让对方喜欢你的方案，并对你产生信任感，这才是我们想达到的最终目标。

一、情感共鸣与共情的价值

　　首先探讨一下情感共鸣与共情的价值。前面提到，共鸣、共情的最终目的都是说服对方。那么从目的出发来进行思考，要说服对方必须具备哪些要素？以下总结了三个要素：理性、品格和情感（图6-1）。

图 6-1　说服三要素——理性、品格和情感

如何理解这三个要素？首先，理性指的是我们的论证要有逻辑性，这个比较容易理解。其次是品格，这其实与汇报的人有关，就是指汇报人自身的性格、品德和可信度，用通俗的话来讲就是"人设"，这个看似无关紧要，其实很重要，对方能被你说服，有的时候是因为他对于你这个人的认可和对你的信任。最后是情感，这与表达时的情绪传达有很大关系，一个缺乏热情、无法体会对方情绪的汇报者是很难说服对方的。我们经常认为说服的基础是第一个要素——逻辑，其实另两个要素，即品格和情感的重要性可能更高。

由于品格的修炼主要取决于汇报者自身，因此在这里无法探讨。但第三点——情感方面是可以探讨的。要做到共情，首先要学会跳出"以自我为中心"的怪圈（图 6-2）。因为只有不"以自我为中心"，才能做到体会听众的情绪、抓住听众的痛点，从而理解听众的需求。也就是说，"以对方为中心"，是与听众拉近距离、获得其青睐的关键。

图 6-2　跳出"以自我为中心"的怪圈

汇报其实也是"沟通"的一种，只是其可能是一对多的状态。有研究发现，沟通中有一个所谓的三七定律，具体来说就是指沟通中内容只占30%，其余70%是情绪的表达。所以要提升沟通的效率，我们就要多关注这70%的情绪部分。针对如何处理好这70%的部分，以下总结了四点。一是要通过倾听、观察等去感知对方的情绪。二是尝试模仿对方的语言习惯。心理学上有一种说法，当你采用和对方同样的表达方式、说话频率时，会让对方感觉你们更有默契、更能同频，所以会莫名地对你产生更多的好感。三是讲述共同的故事，找到双方的交集、共同经历过的事情等。四是运用开放式姿态。前面三点都比较好理解，而第四点——开放式姿态指的是什么呢？在下面的小节中会进行详细阐述。

二、采用开放式姿态

如图6-3所示，开放式姿态其实就是一种让人感觉到开放、包容、欢迎的状态。图中左侧列出了一些开放式姿态的描述，包括手部活动频繁、摊手动作、身体略前倾、腿和手不交叉等。而与之相对应的就是图中右侧，其中所描述的各种姿势显得十分拘谨、防御性很强，甚至让人感觉比较冷漠、不好接近。因此，应尽量用开放式姿态与人沟通，这样更有亲和力。

如果想要在交流中与对方有更真实和深入的连接，就可以试着做到以下几点。一个是在身体语言上采用开放式姿态，注意眼神的交流。关于眼神的交流，这里要提一点，完全不交流和长时

如何引发情感共鸣
运用开放式姿态

正例：
手部活动频繁
摊手动作
身体略前倾
腿、手不交叉
……

反例：
少见手部动作
用物品遮挡
身体后缩
双臂紧紧交叉
……

图 6-3 姿态正反对比

间盯着对方的眼睛都是不合适的。有研究表明，在交流中，60%的时间和对方产生眼神的交流是最佳的，我们可以尝试一下，看看是不是这样交流起来让双方都觉得最舒服。

除了身体语言外，也要注意声音的表达。声音应该是热情诚恳、富有情感的。我们常说"我的眼里只有你""我很喜欢你"，如果在心里默念这样的话，可能会对你的表现有所帮助。还有就是学会做内容分享，把个人的故事、经历等与对方分享，会容易和对方建立起情感联系，这就是所谓的感同身受，这是一个非常好的潜移默化影响他人的方式。

三、适当的幽默

最后一点是幽默元素，适当的幽默可以拉近与听众之间的距离、释放紧张情绪。当然这方面要根据场合，掌握分寸，所以不是那么好拿捏，如果你觉得自己天生不善幽默，那便不必着急或者勉强，掌握好前文中的要点，一般就已经可以很好地与对方建立情感连接了（图6-4）。

学会幽默表达，可以起到吸引对方注意力、打破紧张尴尬气氛的作用。将幽默运用在方案汇报中，则可以让设计理念更显生动有趣，使设计师表现得更富有创造力，也可以起到强化互动和思考的作用。

那么如何在汇报中表达幽默感呢？我们会发现，有很多国外设计师很喜欢采用幽默的表达方式，他们会用自嘲、比喻、反转等方式来营造轻松活泼、充满趣味和创造力的汇报氛围，展现出很强的人格魅力。

国内设计师则大部分比较内敛，所以对幽默的运用总体比较少。如果想要刻意练习这方面的能力，建议大家可以平日多观看脱口秀等节目，培养一下自己的语感，比如抖包袱的时候要学会用停顿等来创造更好的效果。

下面列举几个表达幽默感的例子。第一个例子是讲述设计理念的幽默表达案例，可以参考这个汇报方案的建筑师的幽默表达：

"大家好！今天我要向各位介绍一个令人目瞪口呆的设计。你们有没有想过，如果我们把一栋建筑变成可以'行走'的会怎样呢？是的没错，这就是我们要做的，让建筑也能像机器人一样自由移动！

当然啦，我得先声明，我们可不是要让整座大楼像小蜘蛛一样乱爬乱跳，别吓坏了大家。我们的目标是通过创新的设计，让建筑能够根据周围环境自动调整形状和位置，以提供更好的使用体验和适应性。

"你们可以想象一下，在太阳刚好晒到你脸上的时候，建筑会自动移动，为你提供阴凉；或者当地震发生时，建筑会自动调整结构，保证你的安全。这样的设计不仅能够给人们带来更多便利，还能够让人们产生对未来城市生活的期待和想象。

当然，这只是我其中一个疯狂的想法，但正是这些创意和幽默能帮助我们突破传统思维，挑战建筑界的常规，并为未来城市带来更多可能性。"

再来看一个例子，这也是一个设计师在汇报方案：

"大家有没有觉得城市中的建筑都差不多呢？我也有同感！所以，我决定设计一座'颠倒'的建筑。对，你没听错，就是颠倒！我们将建筑的地面翻转到上方，建筑的上空变成了地面，这样一来，人们在里面看天就像在外面看地，体验到全然不同的空间感受！当然，这只是一个概念，但通过这样的尝试，我们可以突破传统的建筑观念，带给大家耳目一新的感觉。"

类似的还有："大家好！我要和你们分享一个匪夷所思的想法。你们有没有想过，我们能够设计一座建筑，使它可以根据人的情绪变化而变化呢？是的没错，这就是我的设想。我们将运用最先进的感知技术和智能控制系统，让建筑能够捕捉到人的情绪信号，并通过灯光、色彩、音乐等方式进行调整，为人们创造出一个与情绪共鸣的空间。"

通过以上例子可以发现，建筑汇报中的幽默表达与相声中的说笑逗趣不一样，它更多的是体现与众不同的思维和创造力，展现让人眼睛一亮的脑洞与创意。

四、情感共鸣与共情技巧

在列举完上述幽默表达后，让我们重新将目光聚焦到共情与情感共鸣这一关键部分。想要实现深度的共情和强烈的情感共鸣，核心在于与对方建立真实且深入的连接，主要可通过四个维度来达成：身体语言、声音表达、内容分享以及幽默元素的运用。

身体语言方面，在沟通时，应自然地展现开放式姿态，比如身体微微前倾，保持适当的眼神交流，传递出积极的沟通信号。

声音表达同样不容忽视，要做到热情诚恳且富有情感。语气的起伏、语调的抑扬顿挫，都能为话语注入情绪，使交流更具感染力，让对方真切地感受到你的真诚。

内容分享上，要善于挖掘并分享个人经历，或是双方共同感兴趣、能引发共鸣的故事。这些真实的内容能成为连接彼此心灵的桥梁，让对方在倾听中找到认同感，进而拉近彼此的距离。

最后，灵活运用幽默元素是一种强大的社交润滑剂。适时的

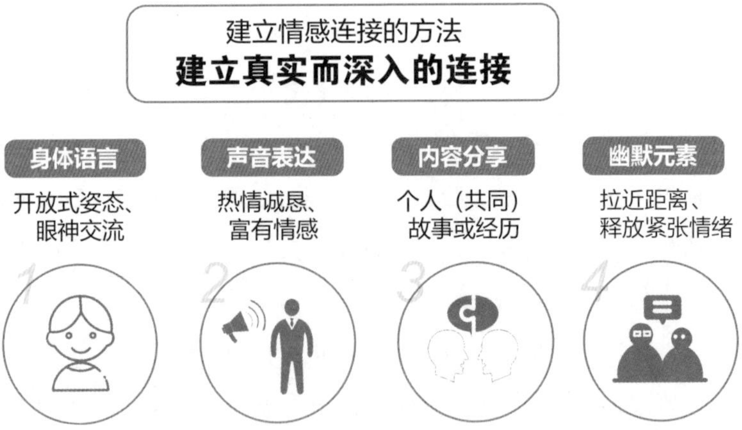

图6-4　在汇报中建立情感连接的方法

图 6-5 赖特设计的建筑室内的局部场景

幽默能打破紧张氛围，增添轻松愉悦的感觉，更便于我们与对方拉近距离、加深连接，让交流更加顺畅和愉快。

下面列举一些建筑大师在表达上的例子。美国建筑大师赖特在设计方案汇报中，经常会使用个人故事和情感化语言来激发观众的情感共鸣。赖特还善于利用建筑模型和艺术性的图形展示来传达设计方案的情绪和美感。他的设计呈现出能与观众产生情感共鸣的元素，例如光线的流动、空间的开放感和材料的质感，从而引发观众的共情反应（图 6-5）。在赖特工作室的小别墅手绘效果图中，场景和建筑完美结合，体现了他善于在方案中表达对自然的热爱，这种表现手段确实能引发客户的思考和共鸣。

据记载，赖特在其著名的作品——流水别墅项目的汇报中分享了自己对自然的热爱和对建筑与环境关系的理解。他用富有诗意和情感化的语言描述这座设计灵感源于瀑布和峡谷的房屋，并通过个人的情感故事将观众引入设计的世界。赖特还展示了精心制作的模型，模拟了建筑与周围环境的融合，并通过光线和材料的流动展示设计方案。这种视觉呈现方式激发了观众对设计美感和与自然共鸣的情感体验（图 6-6）。

图 6-6　赖特流水别墅项目的效果图及平面表达

鬼才设计师托马斯·赫斯维克在方案汇报中常常通过详细的故事叙述和视觉呈现来创造情感共鸣的机会。他将设计过程中的挑战、灵感来源以及设计背后的故事融入演讲内容中，让观众更好地理解和感受设计的情感内涵。

赫斯维克还善于让观众参与到设计过程中，通过演示设计模型或原型与观众互动，让他们亲身体验设计的魅力。这种互动的方式能够增强观众的共情体验，使他们更深入地理解和欣赏设计方案。赫斯维克工作室曾在上海复星艺术中心举办了一次设计展，展示了很多项目的1:1局部模型、全局模型、方案推敲的比较模型等，这些都是他用来与客户互动和交流的工具（图6-7）。

图6-7　赫斯维克工作室在上海复星艺术中心的设计展示模型

在对上海世博会英国馆项目进行汇报时，赫斯维克详细讲述了设计过程中的挑战和设计背后的故事。他提到了如何从种子的微观结构中获得设计灵感，展示了设计与自然的紧密关系。通过展示设计模型，邀请观众亲身体验其中的元素等互动，激发了观众与设计之间的情感共鸣，使他们能更深入地理解和欣赏设计方案。图6-8中的照片展示了设计师的作品——世博会英国馆设计概念模型及亚克力管中的种子模型。

著名女建筑师扎哈·哈迪德常常在设计方案汇报中运用具有冲击力和高度情感化的视觉呈现来引发观众的情感共鸣。她的设计方案充满了流线型、曲线和动态的元素，通过图像和视频展示，能让观众感受到设计所传达的力量和激情。

另外，哈迪德也经常把个人经历和对社会问题的关注作为设计方案汇报的一部分。她将设计与环境、社会和文化联系起来，

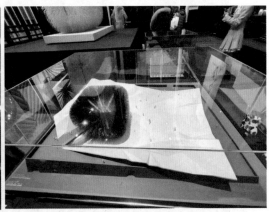

图6-8　世博会英国馆设计概念模型及亚克力管中的种子模型

让观众在情感上与她的设计理念产生共鸣，并引发他们思考建筑与社会的关系。

在对广州歌剧院项目进行汇报时，哈迪德通过展示具有冲击力和高度情感化的视觉图像和视频，引发了观众的情感共鸣。她强调设计方案的流线型形态和动态感，以及其与城市环境的相互作用。哈迪德将设计方案与社会、文化问题联系起来，讲述设计如何融入广州这座城市的特点和文化背景。方案构思为"圆润双砾"，概念来自广州的海珠石传说，寓意是一对被珠江水冲刷形成的"砾石"，生根于动感十足的城市空间。她希望通过设计激发观众对建筑与社会关系的思考，引发共情反应。

这些案例说明了建筑大师如何在设计方案汇报中巧妙地运用情感共鸣与共情技巧。通过合理的故事叙述、图像展示和观众互动，他们能够与观众建立深入的连接，激发共情反应，并让设计方案更具感染力和影响力。

在方案汇报中运用增加情感共鸣的技巧，其最终目的是赢得对方的信任，以及帮助对方更好地理解和欣赏方案。常用的技巧可总结为以下五种。一是通过个人故事和经历来分享灵感来源、情感体验。二是用情感化的语言，比如类似比喻、修辞等形象化的语言来呈现设计理念。三是通过视觉呈现手段，如模型、影像展示，来强化观众的体验感。四是增加互动，让观众可以更深入地参与到项目设计过程中。五是在概念主题上，可以通过强调设计与社会和文化的关联，从而引发观众对社会问题的思考（图6-9）。

个人故事

分享灵感来源、情感体验

情感化语言

比喻、修辞等形象化呈现

互动体验

深入参与、引发观众共鸣

社会和文化关联

引发观众对社会问题的思考

视觉呈现与影像展示

强化体验

图 6-9　方案汇报中增加情感共鸣的五大技巧

　　总之，共情表达可以为设计汇报锦上添花，提高双方的沟通效率。

第七章

设计方案汇报中视觉元素的运用

上一章节阐述了汇报中如何使听众形成情感共鸣与共情。首先，大家要跳出"以自我为中心"的局限，因为只有"以对方为中心"，才能拉近距离、获得青睐。此外，也介绍了提升沟通效果的四个方法——感知对方的情绪、使用对方的语言、讲述共同的故事以及运用开放式姿态。为了和听众建立更深入的连接，除了身体采用开放式姿态外，声音的表达也要注意，声音应该是热情诚恳、富有情感的。另外，如果采用幽默表达，可以起到锦上添花的作用。

一、汇报中的视觉元素

本章节将探讨在汇报中如何利用好视觉元素。对于汇报来说，比较重要的视觉元素包括配色、布局、图片、图表、动画、视频等。那么这些视觉元素是怎么影响汇报效果的，其中又该注意哪些关键点呢？值得探究的内容有很多，但考虑到篇幅有限，这里更多呈现的是设计原则和方法性的内容，实际需要各位读者带着这些思考，结合自己的汇报实践去慢慢体会。

会对情感产生影响的视觉元素主要分成两个方面：一个是全局的角度，包括文本布局和配色；另一个是要素角度，包括图片、图表、视频等。以上元素的组合都会影响到观众的情绪和感受（图 7-1）。

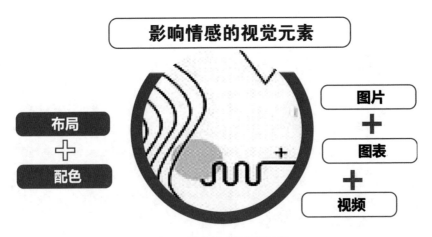

图 7-1　影响情感的视觉元素

二、汇报文本的布局方式

　　首先从布局来说，笔者在对大师们的汇报文本进行归纳总结后，发现主要有四种常用的布局方式：单列式、双列式、瀑布式和拼贴式（图7-2）。所谓单列式，顾名思义，就是从左到右或从上到下依次呈现设计方案的内容，简洁明了，易于理解和记忆，这也是最基本和最简洁的一种布局方式。但简洁并不等于简单，这种布局方式清晰明了，内容展示也很高效。双列式布局则是将设计方案分为两栏，左边呈现图片和文字，右边呈现具体数据和图表。瀑布式布局指的是从上到下不断呈现各种信息、逐渐展开全貌的布局方式，这种方式能够吸引观众的注意力和兴趣，其中的说明文字、图片等常采用居中对齐的形式。拼贴式布局就是指

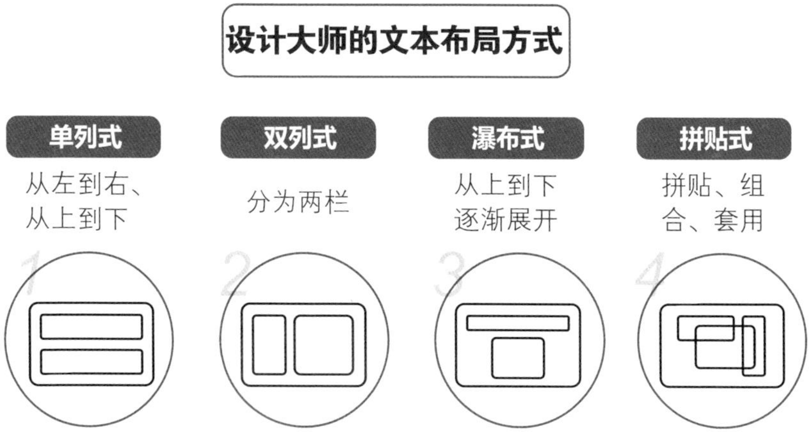

设计大师的文本布局方式

单列式	双列式	瀑布式	拼贴式
从左到右、从上到下	分为两栏	从上到下逐渐展开	拼贴、组合、套用

图7-2　设计大师常用的文本布局方式

将不同材料和元素通过拼贴、组合、套用等方式进行排版，呈现出非常富有创意的设计效果，这种方式相对复杂一些。

下面通过一些大师的布局案例来体会一下几种布局方式的具体应用效果。首先是赖特的方案汇报排布方式。从目前文献来看，赖特在方案汇报中经常采用单列式布局，将设计图纸、立面图、效果图等呈现在一页上，并配以简洁的文字说明（图7-3）。这与他本身擅长优美丰富的图纸表达有关，因此在排版上相对简单一些，更方便观众去关注方案和图纸表达本身。

托马斯·赫斯维克这个鬼才设计师则善于创造出拼贴式布局，将不同的设计元素通过不规则拼贴、重叠和套用方式排列在一起，突出了设计的创新性和复杂性。

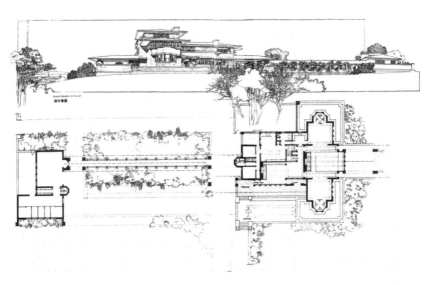

图 7-3　赖特的单列式排版布局

三、汇报文本的配色方案

　　从汇报文本的配色方案来说，大师的作品也有其独特之处。以下总结了五种配色方案（图 7-4）：第一种是渐变色彩，即采用颜色渐变的方式来展现设计方案，这种方式能够给人以灵动感和温暖感；第二种是高对比色，即采用强烈对比色的配色方案，它能使设计方案更加突出，更能吸引注意力；第三种是经典黑白，因为黑白对比最为明显，能够让设计方案更简洁明了，所以很多设计师都喜欢用经典的黑白配色；第四种是暖色调配色方案，这种配色能够营造出热情、温馨和舒适的氛围；第五种是冷色调配色方案，冷色调能够营造出清新、沉静和高贵的氛围。

　　扎哈·哈迪德经常使用渐变色彩的配色方案（图 7-5）。她在设计方案中使用流线型的渐变色背景，营造出流动感，使整个设计更富有生命力。

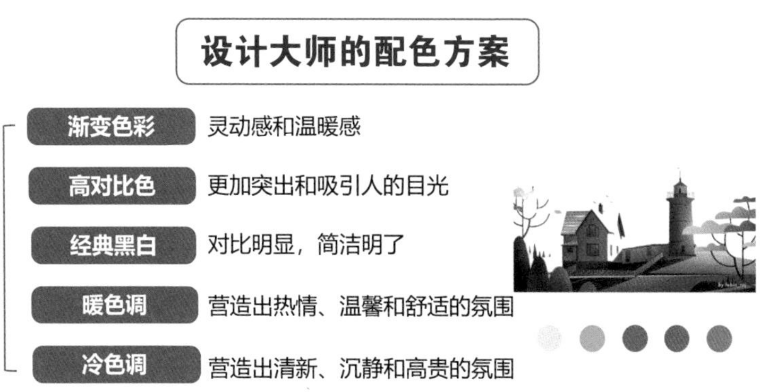

设计大师的配色方案

渐变色彩	灵动感和温暖感
高对比色	更加突出和吸引人的目光
经典黑白	对比明显，简洁明了
暖色调	营造出热情、温馨和舒适的氛围
冷色调	营造出清新、沉静和高贵的氛围

图 7-4　设计大师常用的配色方案

图 7-5　扎哈·哈迪德在平面表达中运用的渐变色彩配色方案

现代主义建筑大师密斯·凡·德罗则喜欢使用经典的黑白配色方案，将精简、现代化的设计与简洁明了的黑白色调相结合，营造出优雅、干净的视觉效果（图 7-6）。

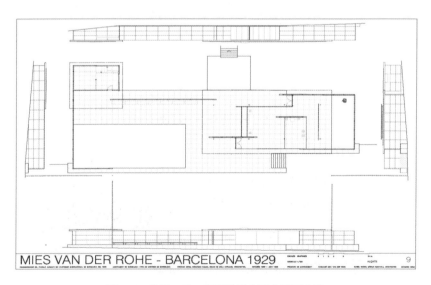

图 7-6　密斯·凡·德罗的黑白配色平面表达

　　大师们的配色方案往往是其独特风格和审美观的表达，而且会充分突出其设计的特点。并且大师都擅长传达设计理念，并能通过独特的配色方案来吸引观众的注意力，从而强化视觉效果和情感表达（图 7-7）。

　　结合上述的排版布局和配色两个方面，再来看一些例子。以库哈斯为例，他作为一名都市设计师，擅长挑战传统，使用满屏布局。研究他的汇报文本会发现，他往往喜欢采用强烈的色彩对比和夸张的字母，构想丰富且富有张力。如图 7-8 所示，不论是平面色彩还是剖面的功能字母，都具有他鲜明的个人风格。

图 7-7　大师配色方案的关键点

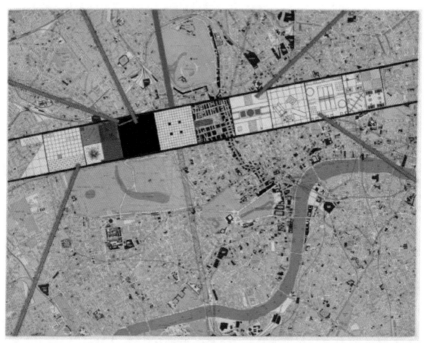

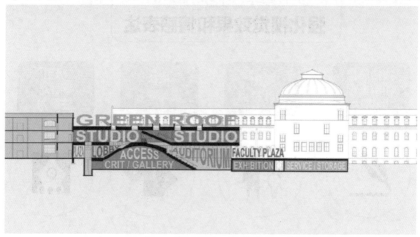

图 7-8　库哈斯的平面排版布局和配色案例

设计大师贝聿铭先生则喜欢运用拼贴式布局。他将不同的设计元素以几何形状进行拼贴，形成抽象的组合效果，突出了设计的艺术性和复杂性。

让·努维尔常以一种全新的方式协调光、影和透明度。他的汇报文本倾向于采用瀑布式布局，或者中分对称的左右两栏与三栏布局。努维尔擅长运用色彩和抽象的概念表达，从图 7-9 中的布局和配色可以看出他的风格。

扎哈·哈迪德除了喜欢运用渐变色外，也十分注重模型和效果的表达，她在汇报文本中喜欢用灰底加彩色标注这种对比强烈、简洁的表达方式，就像她设计的建筑一样充满想象力和张力（图7-10）。

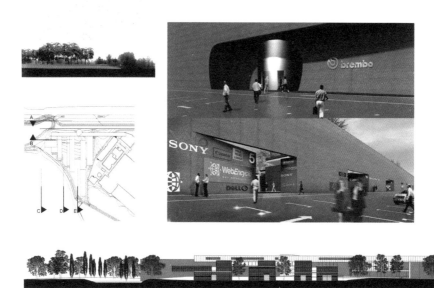

图 7-9　让·努维尔的布局和配色风格

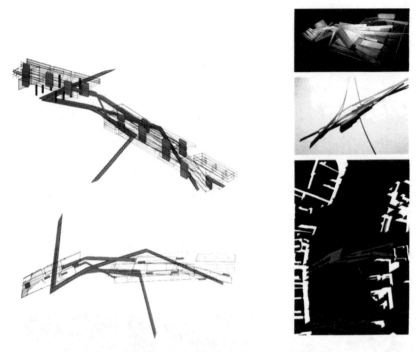

图 7-10　扎哈·哈迪德的配色案例

　　日建作为日本大型的建筑设计公司，其特点是善于把控综合复杂的项目。在文本表达上注重设计研究和推导，常用上下分栏或左右分栏的布局方式，信息量大，关键词突出。其典型的分析页面设计，常采用类似杂志、书籍的布局方式，比较规整，信息量也比较大（图 7-11）。

　　国内的设计事务所以大舍建筑为例。大舍建筑比较注重对光线、材料、细部、尺度、比例的精确表达，以及对空间结构、形式语言的持久探索与场所氛围的营造，因此在汇报文本中会比较注重概念和设计策略的抽象表达以及体块模型的研究（图 7-12）。

1-1-3. 开发特点

特点① 五条轨道立体交叉

1. 交通规划的前提条件整理

根据将来车站的规模预测所推算出今后的客流量为 65 万人/天（业主给予的条件），并目整合了开发建筑面积所要求的集客量的 42.5 万人/天，我们作出如下分析。

以现在的换乘 - 车站客流量为参考，换乘客流量为 30 万人/天，车站街区使用者 35 万人/天。在 35 万人/天的车站街区使用者中，步行者的约 24.5 万人/天。同时，开发所带来的新增 42.5 万人/天中，利用本站快路的约 25.3 万人/天，即，前往开发街区的步行者中，利用快路的客流占了主导地位。

全世界车站利用人数排行榜

铁道换乘客流线的完全改善
龙阳路站 开发后平均一天的利用人数
换乘流动 30 万人/日 + 车站横车流动 35 万人/日
⇒ 车站利用人数（合计）估测约为

65 万人/日

图 7-11 日建的文本分析页表达案例

103

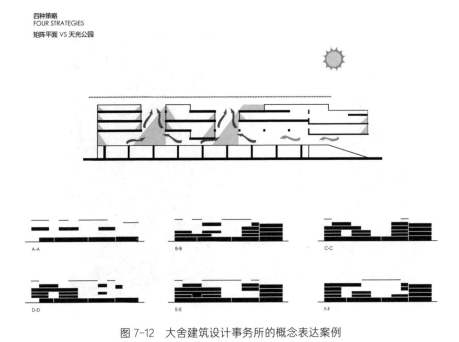

图 7-12　大舍建筑设计事务所的概念表达案例

瑞士建筑师赫尔佐格和德·穆隆合作构建了许多标志性的建筑作品，他们常采用反差鲜明的配色方案，通过将明亮的色彩与深沉的色调相结合，营造出强烈的视觉冲击和戏剧性效果（图 7-13）。

BIG 公司汇报文本的特点是"少即是多"，BIG 追求简洁和类似卡通风格的表达方式，比较喜欢采用时尚而明亮的色彩，布局常用瀑布式和中分对称的方式（图 7-14）。

图 7-13 赫尔佐格和德·穆隆的模型表达方式

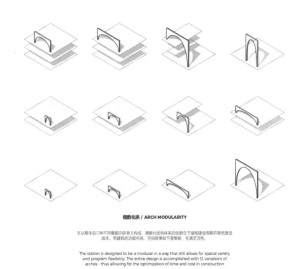

图 7-14 BIG 公司的汇报文本及概念表达案例

四、汇报中的图片和图表

　　图片和图表是非常重要的表达要素，它们应该具备以下特质：清晰明了、精心挑选、强调美感，而且要有故事性、创新性和实验性。概括起来，就是要体现美感、艺术性、故事性和创意性（图 7-15）。尤其是最后两点，是很多设计师容易忽略的。

图 7-15　图片和图表元素表达的基本目标

五、汇报中的视频和动画

对于视频和动画来说，要有助于项目的正向表达，必须遵循以下几个原则。首先是概念表达，即一定要注意突出设计主要概念。其次是要注意场景选择、音乐配合。然后就是节奏把握。最后是要尽量达到具有电影感的呈现效果。图 7-16 中是视频和动画元素表达的基本目标。

图 7-16　视频和动画元素表达的基本目标

　　总之，设计是一个过程，一个系统，一种思考方式。汇报表达是整个设计系统的重要组成部分，一定要予以足够的重视，并使自己尽可能地快速成长为一位汇报高手。

第八章

逻辑思维与
说服力

上一章讲述了在汇报中如何利用好视觉元素，即配色、布局、图片、图表、动画、视频等。主要方法包括四种常见的排版布局方式——单列式、双列式、瀑布式和拼贴式，以及五种常用的配色方案。图片、图表、视频、动画等也应有相应的要求，比如图片、图表要清晰明了、精心挑选、强调美感；视频、动画则要有故事性、艺术性和流畅性。

本章讨论的是在汇报中如何使用逻辑思维来提高说服力，这是除了"讲故事"之外的另一种非常重要的汇报思路。首先探讨逻辑思维和说服力的重要性，随后讲解如何构建汇报逻辑框架，以及在方案汇报中常用的逻辑分析工具、说服技巧，最后探讨如何应对汇报中的突发问题。

一、如何提升汇报的逻辑性

要构建有力的论证和观点，关键在于两个方面，一个是逻辑，一个是情感（图 8-1）。如果逻辑和情感两种力量都能展现到位，那么论证和观点的说服力就会很强，关于情感共鸣和共情在之前的第六章中有讲过，因此这里重点研究"逻辑力量"方面。

先来看一下如何构建汇报的逻辑框架。咨询管理公司麦肯锡以其逻辑扎实、论证严谨的调研报告而举世闻名。麦肯锡的报告具有两大特点，一个是可读性，一个是可操作性。前者——可读

图 8-1　构建有力的论证和观点的两个关键力量

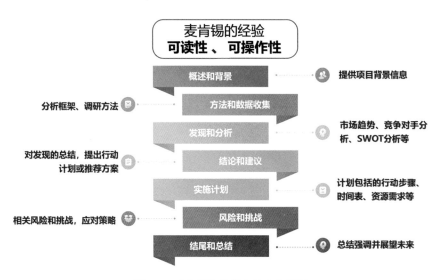

图 8-2　麦肯锡咨询报告的七步框架

性就体现在其报告清晰的逻辑框架上。麦肯锡的报告中运用到的
框架结构一般包括以下七个步骤（图 8-2）。

　　第一步是概述和背景。这一步主要是概述咨询项目的目的和
范围，提供项目的背景信息。第二步是方法和数据收集，主要是
介绍使用到的分析框架、调研方法、采访对象和问卷调查等，这
一部分旨在说明研究的可信度和可靠性，并确保读者明白报告的
数据来源和分析方法。第三步是发现和分析，主要是阐述具体的
分析过程，包括市场趋势、竞争对手分析、SWOT 分析、风险评
估等。这部分通常以图表、表格和关键指标的方式呈现，以便客
户能够直观地理解。在发现和分析后，就是第四步——结论和建
议。结论是对发现的总结，建议是根据结论提出行动计划或推荐
方案。第五步是实施计划，旨在帮助客户将建议转化为实际行动。

该计划可能包括行动步骤、时间表、资源需求等详细内容，以确保客户能够有条不紊地实施，并达到预期的业务成果。第六步是风险和挑战，提出可能发生的风险和挑战，并提供相应的应对策略，这有助于客户了解可能面临的潜在问题，并为未来如何应对做好准备。第七步是结尾和总结，再次强调核心发现、建议和实施计划，并展望未来的发展方向。此外，麦肯锡的研究报告通常还会提供一些对话题的深入思考和相关资源，供对方作进一步参考。

以上七步就构成了一个较为完整的麦肯锡咨询报告的基本框架，如果再总结概括一下，就是从分析到提出建议的一个过程。

麦肯锡官方网站上提供了大量有关其咨询项目的介绍和研究案例，下面摘取几例。

第一个是关于阿尔卑斯电力公司分析与战略重组的咨询案例。麦肯锡帮助阿尔卑斯电力公司在市场竞争激烈的能源行业进行了策略性的重组。他们分析了市场趋势、竞争对手和内部运营，并提出了一系列建议，以改进该公司的业务模式并提升其竞争力。

第二个是纽约市交通系统优化的咨询案例。麦肯锡为纽约市的公共交通系统提供了优化建议，以改善其运营效率，减少拥堵问题，并提高乘客体验。他们进行了网络规划、流程改进和技术创新等方面的分析和建议，这也是一个从分析到建议的基本构架。

第三个是为亚马逊提供的咨询案例。麦肯锡协助亚马逊制定了电子商务领域的战略，包括扩大产品线、优化物流和供应链管理、增强用户体验等方面的策略。这些建议帮助亚马逊成为全球最大的在线零售商之一。

　　第四个案例是为联合利华提供的咨询案例。麦肯锡帮助联合利华进行了市场调整，以使其适应快速变化的消费者需求和竞争环境。他们分析了不同市场的特点、竞争对手的策略，并提供了定位、产品组合和营销策略等方面的建议。

　　麦肯锡也为麦当劳制定过全球战略，包括市场扩张、品牌定位、产品创新和供应链优化等方面的策略，这些策略帮助麦当劳在全球范围内维持了强劲的市场地位。

　　可以看出，麦肯锡不管是提供什么类型的咨询案例，其报告框架基本没有变。这个成熟的久经考验的框架也是保证其每一个咨询都能让人感觉清晰、有条理、有说服力的基础。

　　那么，我们又该如何构建汇报逻辑的框架呢？可以参照麦肯锡的做法，将其分为八个部分。

　　第一部分是开场，就是介绍自己和所代表的建筑公司或者项目，并引入汇报的主题和目标。第二部分是描述项目背景和需求。其中可分两个方面：一个方面是说明本设计项目的基本信息，比如地理位置、规模和预期用途等；另一方面则是阐述客户或业主的需求和期望，解释为什么这个项目如此重要。第三部分是讲述设计的理念和创新点。其中包括阐述设计理念和核心价值观，强调方案的创新性，以及本项目与其他类似项目的区别点，并使用图示或视觉元素来支持说明。第四部分就是方案阐述部分，要注意突出方案的关键特点和亮点。第五部分是特色空间和设计细节的表达。第六部分是讨论方案的可行性和可持续性，包括结构、施工成本、环保设计措施等方面。第七部分是风险评估和应对策略，主要是识别可能的风险和挑战，并提供相应的解决方案。第

图 8-3　八步构建一个完整的汇报逻辑框架

八部分是总结，同时可以邀请观众提问并回答他们的问题。

　　以上八个部分构成了一个比较完整的方案汇报的逻辑框架。当然不是每个项目、每个阶段的汇报都要包含这八个部分，可以结合汇报的不同目的来选择或组合（图 8-3）。

　　不管如何选择或组合，都要遵循一个基本原则，即注意突出方案的独特性和价值。具体来说，逻辑顺序体现在从整体到细节的表达，以及从设计理念到可行性的考虑。只有逻辑清晰、完整，才能构成一个比较完善的方案汇报框架。

二、汇报中常用的逻辑分析工具

　　下面具体介绍一些在方案汇报中常用的逻辑分析工具。第一个重要的工具是 SWOT 分析工具，它主要用于项目分析。SWOT其实就是四个英文词汇的缩写：S 代表 strengths，就是优势；W代表 weaknesses，指的是劣势；O 是 opportunities，就是机会；T指的是 threats，即威胁。如图 8-4 所示，上面的 S、W 是关于项目内在条件的分析，下面的 O、T 则是项目外部情况的分析。不管是内在还是外在，都包括优势、劣势两个方面，对于外部来说就是机会和威胁。通过 SWOT 分析，可以系统地评估项目的优势、劣势、机会和威胁，这有助于确定项目的核心竞争力和风险，

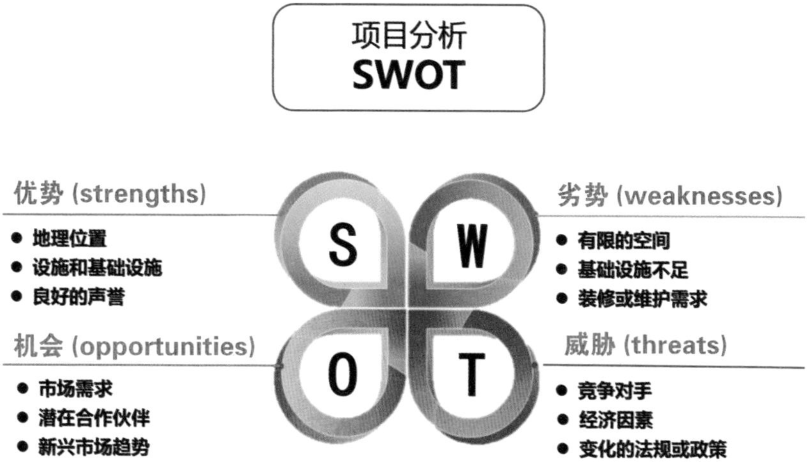

项目分析
SWOT

优势 (strengths)
- 地理位置
- 设施和基础设施
- 良好的声誉

劣势 (weaknesses)
- 有限的空间
- 基础设施不足
- 装修或维护需求

机会 (opportunities)
- 市场需求
- 潜在合作伙伴
- 新兴市场趋势

威胁 (threats)
- 竞争对手
- 经济因素
- 变化的法规或政策

图 8-4　SWOT 分析工具

并为制定相应的战略和决策提供参考。请注意，在实际分析中，可以根据具体情况来调整和扩展 SWOT 分析的内容。

SWOT 分析是一个非常实用的方法，在方案汇报中，它往往是用于为下一步设计策略或方案的提出作铺垫。如果是在 SWOT 分析的基础上去突出优势、克服劣势，方案和设计策略就会很有说服力。

在优势方面，可能包括独特的地理位置、良好的配套基础设施、开发企业的良好声誉等。可以使用具体的案例、图形或图片来支持自己的论述。

而在劣势方面，则可以分析项目存在的问题和局限性。这可能涉及空间利用有限、基础设施不足、预算限制、技术难题等问题。重要的是要诚实地面对劣势，并提供解决方案或改进措施来克服这些问题。

从外部条件来看，要探讨设计方案中存在的机会。这些机会可以是市场需求的增长、时尚趋势的转变、新的技术发展等，并阐释如何利用这些机会来增强项目的竞争力和拓宽市场前景。

反之，也可以讨论项目面临的威胁和风险。其中可能包括竞争对手、法规限制、经济不确定性等，并提出针对这些威胁和风险的策略及应对措施，以保证项目的成功和可持续性（图 8-5）。

以武汉的一个规划设计项目为例，项目前期就做了 SWOT 分析，从而明确了这个项目的外部机遇和资源禀赋，但这个项目的劣势和挑战也很明显，劣势包括缺乏轨道交通条件、产业资源尚未聚集，挑战包括人口数量不足、周边竞争激烈等。因此得出的未来规划策略是激活土地价值、促进周边产业升级、增加片区生活配套、开发建设新型产业社区等（图 8-6）。

方案汇报中的运用
突出优势、克服劣势

优势 (strengths)

这些优势可能包括独特的地理位置、良好的配套设施、开发企业良好的声誉等。请使用具体的案例、图形或图片来支持你的论述。

机会 (opportunities)

方案中存在的机会可以是市场需求的增长、时尚趋势的转变、新的技术发展等。解释如何利用这些机会来增强设计方案的竞争力和拓宽市场前景。

劣势 (weaknesses)

劣势和局限性可能涉及空间利用有限、基础设施不足、预算限制、技术难题等问题。重要的是要诚实地面对劣势，并提供解决方案或改进措施来克服问题。

威胁 (threats)

方案面临的威胁和风险可能包括竞争对手的类似设计、法规限制、经济不确定性等。提出针对这些威胁的策略和应对措施，以保障设计方案的成功和可持续性。

图 8-5　SWOT 分析在方案汇报中的运用

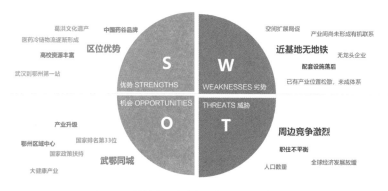

图 8-6　某核心区规划设计 SWOT 分析案例

图 8-7　PREP 说服力法则

PREP 法则是一个应用场景广泛的说服力法则，其中，P 指 point（观点），R 指 reason（理由），E 指 example（案例），后一个 P 也指 point（观点）。简单来说就是通过理由陈述、案例举证来支撑自己的观点。PREP 法则在我们应对甲方的一些提问和质疑时很有用（图 8-7）。

可以基于 PREP 法则来梳理一下自己项目的设计理念，考虑如何为之建构一个说服力框架。比如若想说服业主前期聘请专业的交通顾问来进行交通调研和分析，并提出专业的解决方案，可以这么说："我们建议您可以聘请一个专业的交通顾问，原因是这个项目外部交通条件比较复杂，我们这个项目配置的停车位数量比较多，未来不管是内部还是外部交通都可能会面临巨大的压力，而一旦交通出现问题，整个项目的运营也会受到非常严重的影响。比如之前我们也遇到过和这个情况比较类似的项目，场地允许开口的数量很少，但车位配置要求很高，一开始业主没有重视这个问题，后来实际运营时车子进不来、出不去，非常麻烦。因此，还是那句老话，'让专业的人做专业的事'。根据我们的经验和教训，您找一个专业的交通顾问来帮您分析和提供解决方案是非常必要的。"

另一个逻辑分析工具——FABE 法则，在销售行业里用得比较多。其实，向业主汇报方案，从本质上讲也是一种销售行为。因此，我们也应该学会熟练运用 FABE 法则，通过有技巧地对自己的设计、方案进行描绘来让对方接受。

具体解释一下，F 指 feature，意思是特点；A 指 advantage，意思是优点；B 指 benefit，意思是好处；E 指 evidence，意思是证据。整个方案介绍的过程是从特点开始，就是先提炼这个方案的内在属性，比如功能、造型、材料，再把其内在属性提升为优点，或者说亮点也可以。同时还要介绍这个亮点能给对方带来的价值和好处，最后再举个例子论证一下（图 8-8）。

图 8-8 FABE 销售法则

例如介绍一个设计方案，可以这样表述："这个方案的功能布局，可以让你的产品更具市场竞争力；我们的造型可以帮你塑造地标；我们选择的材料便于维护，从而可以降低未来的运营成本等。"最后可以添加证据，说一下细节、数字等，让对方理解得更透彻。其中讲好处的部分很重要，可以提高业主的期待，最好结合对方最关注的、需求最大的点进行阐述。

三、提升说服力的技巧

说服力的提升和修炼，是一个设计师一生的必修课。下面整理了几种在方案汇报中比较有用的说服技巧，有些也用到了之前章节中的一些知识点（图 8-9）。

第一种技巧是创造共鸣，即从情绪、情感上与对方建立联系，比如与观众分享你如何解决类似问题的挑战，有助于打造更加亲密的关系。

第二种技巧是尽量采用简洁明了的表达方式，避免使用复杂或模糊的术语及行话，同时尽可能利用可视化和数字呈现数据。使用清晰明了的语言传递信息，其实就是为了确保观众不会因为无法理解你的话语而失去兴趣。

第三种技巧是强调关键信息。关键信息应该以醒目的方式呈现，例如使用强调、加粗或突出显示等方法来提高信息的可读性和重要性。但同时也要注意确保关键信息是准确的、可验证的和有说服力的。

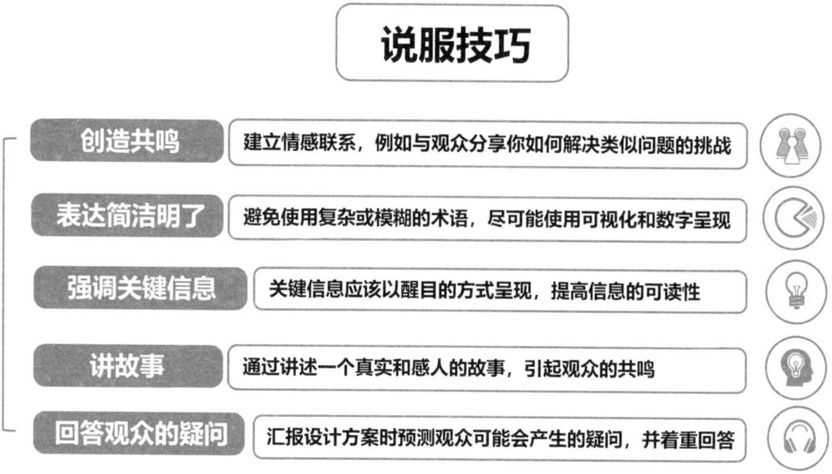

说服技巧

创造共鸣	建立情感联系，例如与观众分享你如何解决类似问题的挑战	
表达简洁明了	避免使用复杂或模糊的术语，尽可能使用可视化和数字呈现	
强调关键信息	关键信息应该以醒目的方式呈现，提高信息的可读性	
讲故事	通过讲述一个真实和感人的故事，引起观众的共鸣	
回答观众的疑问	汇报设计方案时预测观众可能会产生的疑问，并着重回答	

图 8-9　提升说服力的技巧

第四种技巧是讲故事，通过讲述一个真实和感人的故事，可以引起观众在感情上的共鸣和共情，从而使之更容易接受。

此外，还有一个提升说服力的方法是要注意回答观众的疑问。在汇报设计方案时，我们要预测观众可能会产生的疑问，并着重回答这些问题，以增加观众对设计方案的信心。在回答问题时，要以积极、明确和具体的方式回答，确保观众理解你的答案。

四、如何应对汇报中的突发情况

在方案汇报的过程中若遇到突发问题该怎么办？例如一些没有预料到或者准备过的一些问题，应如何应对？很多设计师在投

图 8-10   应对突发问题的技巧

标竞赛或者方案汇报的时候应该都会遇到过这种情况，有时回答不上来或者答错了，确实让人很尴尬。这里根据笔者以往经验，建议各位采用以下技巧（图 8-10）。

首先是要保持冷静和自信，不要慌张或紧张，要控制好自己的情绪，只有把情绪控制好了，才可能展现出专业的态度。

其次要确保准确理解问题。可以请观众进一步解释他们的问题，确保自己准确理解了他们的意思。通过进一步的提问和澄清，确保对问题的内容和细节都有清晰的理解。

再次，也要敢于承认不知道的部分。如果你无法立即回答观众的问题，应坦诚地承认并表示对他们提问的感谢，要诚实地说明你暂时不知道答案，但你会积极努力找到答案，并在之后与他们联系，给予反馈。

然后就是提供替代的解决方案。如果你无法直接回答观众的问题，可以尝试提供一些替代的解决方案或思路。考虑与设计方案相关的其他因素或类似的案例，并在此基础上提供一些可能的解决方案供观众参考。

另外，还要学会团队合作。不要硬着头皮回答一些你并不了解的问题，那反而容易被对方抓住把柄。如果在汇报中有团队成员或专业人士和你一同参与，可以邀请他们提供意见和回答观众的问题。充分利用团队的专业知识和经验来回答观众问题的一个额外好处是可以向对方展示团队的实力和专业性。

最后，承诺跟进也是一种方法。如果实在无法立即回答观众的问题，也可以承诺在之后及时跟进并给予答复。记录观众的问题，留下他们的联系方式，并确保在规定的时间内提供答案或反馈。

可以反复练习以上技巧，以让自己在未来面对一些突发问题的时候，可以更好、更专业地应对。但不管采用什么应对技巧，在心态上都要尽可能保持冷静，这十分重要。只有在冷静时运用上文所说的这些应对技巧，才能顺利应对并给观众留下积极的印象。

五、塑造积极的形象

积极的形象体现在三个方面：礼貌、专业和富有耐心。这也是有助于汇报者很好地控制住局面，并赢得对方尊重的重要方面。在心态上，有的时候由于我们对结果的期待值过高，比如希望能立即让方案被对方接受，或者赢得对方的欣赏等，从而导致自己束手束脚、畏首畏尾，不敢坦诚地表达。每次汇报都要放下包袱，不要对结果给予过多的期待。要知道，即使是设计大师，也不能保证每次的汇报都有很理想的结果。所以，只要我们不断精进，一定会有更快的成长，也能有更高的成功率，但不要以为我们每时每刻都能做到完美，这样才能保持良好的心态。

回顾本章内容，包括如何搭建汇报的逻辑框架，如何运用逻辑分析工具，也介绍了一些提升说服力的技巧，以及如何应对突发问题等。总之，逻辑思维是一个建筑师不管是在创作还是汇报中都必须具备的非常重要的思维能力，而这个能力需要我们不断地去训练。具体来说就是要训练自己思维的准确性、严密性、逻辑性等。创新也是逻辑思维体系下的必然结果，而不是所谓的天马行空、灵感乍现。

第九章

应对挑战和反对意见

上一章讲述了如何搭建汇报的逻辑框架，分享了一些有用的逻辑分析工具，比如 SWOT 分析、FABE 法则、PREP 法则等，也介绍了一些在汇报中提升说服力的技巧，以及如何应对突发问题。

本章将探讨在汇报中如何应对挑战和反对意见，这比前面所述的应对突发问题更有挑战性，这也是大家经常会遇到但容易束手无策的情况。下面首先会阐释应对冲突的重要性，接着会列举在方案汇报中可能遇到的常见质疑。在此基础上，进一步探讨应对质疑和批评的技巧，对于不同观点和意见的处理方法等。最后是对争论技巧和如何管理冲突的探讨。

一、做好随时应对冲突的准备

只要进行汇报，就要做好随时应对冲突的准备。因为，我们不知道对方可能带着什么样的目的、成见甚至情绪来听你的汇报，而你本人也可能在汇报中出现一些突发情况，比如状态不佳、一时口误等。一些不可预料的事件随时都可能发生，比如听众提出了你无法解答的问题，或你一不小心说错了话，或对方质疑你的方案等。

那么，针对这些可能出现的突发情况该如何破局？比如，听众提到你一时无法解答的问题怎么办？下面提供一些技巧，可以在实战中加以运用。

一个有效的方法是重述法。所谓重述法，就是在回答对方问题前，先重述一遍问题，并和对方确认。重述法一方面能确保你正确地理解了问题，另一方面也为你的思考留出了时间。这个方法主要是针对一时没反应上来的情况，可以避免慌张。

如果你确实回答不了问题，而在此刻，身边又没有可以帮你

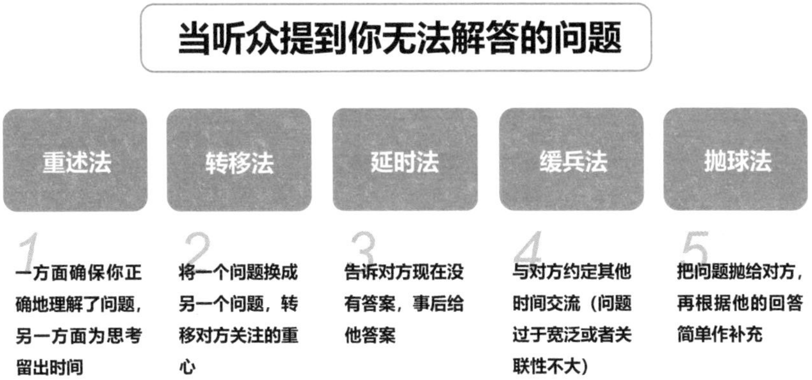

当听众提到你无法解答的问题

重述法	转移法	延时法	缓兵法	抛球法
1	*2*	*3*	*4*	*5*
一方面确保你正确地理解了问题，另一方面为思考留出时间	将一个问题换成另一个问题，转移对方关注的重心	告诉对方现在没有答案，事后给他答案	与对方约定其他时间交流（问题过于宽泛或者关联性不大）	把问题抛给对方，再根据他的回答简单作补充

图 9-1　当听众提到你无法解答的问题时的应对方法

解答的专家，此时又该怎么办呢？那么可以尝试运用另外四种方法（图 9-1）。

第一种方法是转移法。所谓转移法，就是将一个问题换成另一个问题，转移对方关注的重心。在销售的时候人们常说这样一句话："当别人和你谈价格的时候，你要和对方谈价值。"这就是很典型的转移法。比如，对方问你是否可以在某个时间提交修改后的成果，你听后觉得时间太紧张，几乎不可能完成，此时就可以反问对方，具体要达到什么目的（是为了向领导汇报效果，还是为了满足一个业绩考核节点等），如此，就从时间问题转换到了提交的内容和目标的问题，这就便于后续去说服或应对对方，根据对方的真实目的，去做内容表达的取舍。或者采取另一个转移方向，表达这样会影响质量，可能会产生更不可控的风险等。

第二种方法是延时法，这个方法在第八章中就提到过，就是告诉对方现在没有答案，事后给他答案。

第三种方法是缓兵法，这个方法常用于那些过于宽泛的问题或者和这次汇报关联性不大的问题，我们可以与对方约定其他时间交流，避免偏离汇报主题。

第四种方法是抛球法，所谓抛球法，就是指把问题抛给对方，再根据对方的回答简单作补充。这个方法在用的时候要比较谨慎，应针对甲方的身份、性格等，有选择地使用。

二、如何应对汇报中的错误

再来看另一个突发情况，就是如果不小心说错了话怎么办。这时要遵循一个原则，就是要学会淡化错误，而不要去强化它。但具体还是要根据错误的类型来区别处理。比如对于那些微不足道的错误，可以不用管它，继续讲下去。而对于一些稍明显的错误，比如口误说错了一个不是很重要的数据，那可以找个机会更正，最简单的方式就是重说一次。对于那些明显的错误，可以真诚地道个歉，再接着讲。比如当你阐述了某内容，对方立刻反驳，而且对方的观点也完全准确，我们如果越辩驳越可能陷入尴尬，那么这个时候就可以真诚地道个歉。

当然，一些小的口误可能有时候难以避免，但一些重要的数据、案例等的错误，要尽量避免。这就要求我们提前做好准备，对汇报内容要做到胸有成竹、熟记于心。虽然对于一些明显的错误，应进行真诚的道歉，但要注意不应频繁道歉，这会非常影响你在对方心中的信任感和专业度（图9-2）。

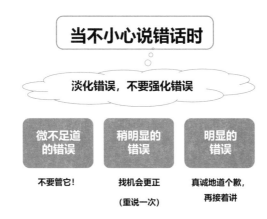

图 9-2　不小心说错话时的应对技巧

三、如何应对汇报中对方的质疑

如何应对汇报中对方对你方案的质疑，也是经常出现的问题之一，这种质疑一般会集中在以下几个方面（图 9-3）。

图 9-3　方案汇报中可能遇到的常见质疑

第一，是质疑方案的可行性。一些有一定工程管理经验、比较注重实操的业主，往往会质疑方案是否可行或者方案实施的难度，尤其是一些看起来比较非常规的做法或者设计更是如此。应对技巧就是提供详细的实施计划和时间表，解释所采取的实施方法和策略，并阐明相关资源和风险管理措施。

其中，列举实施计划和时间表是为了应对对方在时间上的质疑。比如对方认为这个项目时间很紧张，向你提出这样的疑问："如何能在紧迫的时间要求下保证项目的建成？"那么我们就可以通过列举实施计划和时间表来回应。而实施方法和策略主要是针对对方在设计可落地性上的质疑。比较好的做法是用一些对标案例作为参照系，给对方作进一步讲解。相关资源和风险管理措施则主要用于应对一些非常规、业主不擅长、缺乏经验的工程或者做法，通过提供资源和提出风险管理措施来给予对方相应的解释。

第二，是质疑方案的灵活性。一般在商业类项目中会较常出现这样的问题。比如质疑方案长期持续下去是否可行，是否能够适应市场环境的变化等。针对这些问题的应对技巧是向对方解释方案的可持续性策略，包括对未来趋势和市场变化的预测，并强调团队的创新能力和调整能力。也就是说，要说明方案具有一定的前瞻性，并介绍其中用到的一些可持续性策略、创新思路等。

第三，是质疑成本效益问题，如质疑项目的成本投入是否合理，以及预期的回报是否足够等。针对这样的问题，就要考虑提供详细的成本分析和回报预测，包括可节约的成本、可增加的收入、效率的改善与提升等方面的具体数据和案例。这里的重点是提供数据分析以及对标案例等。

第四，针对很多比较创新的方案，业主也经常会提出疑问，即技术上是否可行或是否具备足够的支持，包括专业性、市场甚至政策上的支持。为了应对这类问题，可以考虑提供技术评估报告，证明所选技术的可行性和兼容性，并与相关技术团队进行深入的沟通和讨论。

面对以上这些问题时，要想真正地消除对方的疑虑，还要做一些后续工作，可以提供对标案例，也可以提供数据分析，或者提供进一步的技术论证。此外，很多问题有时候需要通过下一次的沟通或者多轮的汇报才能解决。针对此类现场一时回答不了的问题，可以采用前面所说的一些技巧和方法。对于那些确实困扰业主的痛点问题，还是应该在做了充分的准备工作后再向对方汇报。

四、应对质疑的底层逻辑

在方案汇报中遇到这些常见质疑，应采用恰当的应对技巧，同时也应注意，技巧的运用有时是为了起到控场的作用，或使我方在会议现场占据主动地位，但能够有效推进项目和获得对方信赖才是应对质疑的根本目的和底层逻辑。要实现这个目的，我们就要注意以下几个方面。

首先是倾听和理解，就是要做到认真倾听质疑者的观点，并表达出对他们意见的尊重和理解。比如，我们可以说，"王总，您关心的这个问题，我们觉得对这个项目来说确实很重要……"，或者"王总，您提的这个问题，我很理解"等。

其次是提供详细的解释和证据。也就是说，要通过提供清晰、具体的解释，来支持自己的设计决策，并要善于提供数据、案例或实际调研结果，以此来作为证据。

再次，是要回应对方的疑虑和担忧，做到积极回应，寻找共同的关注点，并提出合理的解决方案。这也是加强和对方情感连接的方法。

最后是不要害怕和质疑者展开对话。我们可以主动地与质疑者进行深入交流，了解他们的立场和关注点，寻求共识并提出解决办法。面对某些质疑，其实需要深入探讨，才能找到对方真正的需求点、痛点。有时若对方非常强硬，在不违反原则的基础上，我们也可以适当地采用妥协的方式。

总而言之，只有通过有效的沟通和解释，才可能增加他人对方案设计的理解和接受度，提高与团队成员或利益相关者之间的合作。

有的时候，我们可能还会遇到更尖锐的问题、更具挑战性的情况，比如对方对方案不只是质疑，而是批评否认。那此时该怎么办？这里要分以下几种情况（图9-4）。

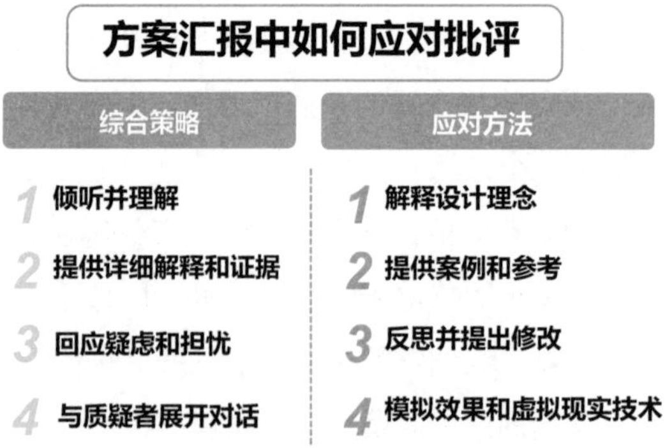

方案汇报中如何应对批评

综合策略	应对方法
1 倾听并理解	1 解释设计理念
2 提供详细解释和证据	2 提供案例和参考
3 回应疑虑和担忧	3 反思并提出修改
4 与质疑者展开对话	4 模拟效果和虚拟现实技术

图 9-4　方案汇报中应对批评的策略与方法

　　如果对于自己的方案非常自信，或者想坚持自己的设计理念，那么这时候，可以主动地解释设计方案的理念和目标，阐明每个设计决策背后的考虑和用意。通过清晰地传达设计概念，可以帮助客户更好地理解设计的价值和意义。举个例子，设计师可以详细说明设计中采用特定材料、色彩或空间布局的原因，并展示这些选择如何与项目的整体愿景和需求相契合。有的时候，这种耐心的解释和一定的坚持，也是很有必要的。有些业主会有一些先入为主的想法，这个时候就需要我们去主动和有耐心地解释和沟通。

　　对于一些不太专业的业主，我们可以为其提供相关案例和参考资料，展示其他类似设计项目的成功应用和效果。这样可以让业主更加直观地了解设计的可能性和优势，并增加对方案的信心。比如说，设计师可以分享类似的建筑项目的照片、平面图或实际使用感受，以帮助业主形成对设计方案的具体想象和认知。

　　还有一些业主的质疑确实有一定的道理，或者有些无关对错的个人偏好。那么针对这样的情况，可以采用反思并提出修改的方式。我们可以虚心地接受客户的质疑，同时积极反思自己的设计，并提出修改方案以解决客户的疑虑。这种灵活性和主动进取的态度反而能够提升客户对我们的信任和满意度。举例来说，设计师可以与业主共同探讨业主的关切点，并根据业主的需求和偏好，提出针对性的调整和改进方案。这样可以体现设计师的专业素养和对业主需求的重视。所以，对于一个设计师来说，我们在汇报和解释方案的时候，要保持一种开放的心态。

　　针对一些对于设计效果不太确信的业主，可以采用模拟效果和虚拟现实技术。借助现代技术，可以为业主呈现更加直观和真实的设计效果。利用 3D 模型、虚拟现实等工具，可以让业主在虚拟环境中体验和感受设计方案，有助于消除业主的疑虑和不确定感。

五、如何应对分歧

再来看另一种情况，如果对方和我们在一些问题上有分歧，那应该如何应对呢？比如，我们想要的是创造性解决方案，而对方喜欢保守、稳妥的；我们比较关注美观性，而对方更关注功能性；我们在意一定成本可控下的质量、设计品质，而对方过于强调成本要求。除此之外还有诸如可持续性与环保、文化与地域差异性等方面的分歧。这些不同的观点和意见可能会对设计方案的方向、元素选择、材料使用、功能配置和审美标准等方面产生影响。作为设计师，需要理解并平衡不同观点之间的冲突，并找到最佳的设计方案。这些分歧并不是对方对于你的质疑和批评，但会对对方接受你的方案造成某种阻碍。针对这种情况，以下整理了七种可以使用的应对策略（图 9-5）。

一是倾听和理解。我们要做到倾听并深入理解业主方各方面的观点和意见。

二是与对方积极沟通和协商，促进各方之间相互理解、达成共识。

三是要善于分享专业知识、成功案例和最佳实践，以增加对方的认同度。

不同观点和意见的处理方法

常见的不同观点	应对策略
1 创造性与保守性	1 倾听与理解
2 功能性与美观性	2 沟通与协商
3 成本与质量	3 分享专业知识
4 可持续性与环保	4 共同目标的识别
5 文化与地域差异	5 提供多样选择
	6 寻求独立评估
	7 灵活适应与调整

图 9-5　不同观点和意见的处理方法

四是在介绍方案时，要注意找到各方都能认同的目标和价值观，将注意力集中在共同点上。

五是不要一根筋，要善于探索和呈现各种不同的选项，让对方可以从中选择最符合他们需求的方案。

六是在尝试了以上多种方法后，如果依然无法与对方达成一致，则可以寻求第三方或专业机构的独立评估，或者请一些专家来给予意见或者建议等。

七是最后的方法，即根据对方的反馈和要求，做出必要的调整和改进。

以上这些步骤是可以按照先后次序来使用的，以便更有效地处理存在冲突的观点。重要的是与对方保持沟通和合作，并致力于找到一个对方可接受的解决方案，以确保项目的成功。而且这种渐进的策略不是一种没有原则的退让。作为一个设计师，我们所有的坚持都是有底线、有原则的，既可以保持自身的原创性，也可以有效地解决客户的问题、推进项目，并赢得对方的尊重。

六、如何应对强势的业主

与强势的业主打交道需要耐心和技巧，应尽量以积极、合作的态度应对，展开开放且建设性的对话，来争取最终达成双方都能满意的设计方案。

其中有两个关键词，一个是耐心，一个是技巧。

在耐心方面，首先，面对强势的业主要提前做好充分的准备。充分的准备有助于你在面对业主时更加自信和专业。其次是注意倾听和理解。要知道，积极倾听并展示对业主意见的尊重，对于强势的业主来说尤为重要。最后，还要学会积极回应和解释，例如解释自己的设计决策，解释方案或设计决策与目标和整体愿景的关联。

在技巧方面，是指面对强势的业主，我们更要表现出专业性，要学会引用专业、可靠的知识和数据，从而增加我们的说服力。此外，就是要能够求同存异，找到共同的利益点，以减少对立和冲突，并表现出一定的灵活性以及和业主合作的意愿，为其提供备选方案等。

不管怎样，保持专业和冷静都是面对强势业主的必备心态。以专业和冷静的态度来应对压力，有助于维护自己的职业形象，并能取得更好的沟通结果（图9-6）。

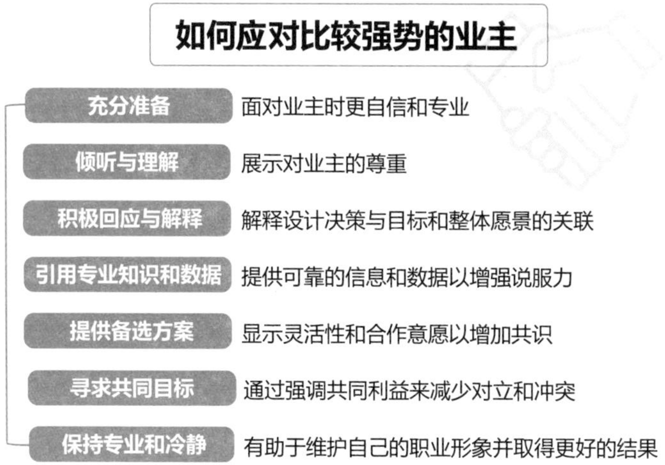

如何应对比较强势的业主

充分准备	面对业主时更自信和专业
倾听与理解	展示对业主的尊重
积极回应与解释	解释设计决策与目标和整体愿景的关联
引用专业知识和数据	提供可靠的信息和数据以增强说服力
提供备选方案	显示灵活性和合作意愿以增加共识
寻求共同目标	通过强调共同利益来减少对立和冲突
保持专业和冷静	有助于维护自己的职业形象并取得更好的结果

图 9-6　应对比较强势的业主的方法

七、如何应对不信任自己的业主

业主不信任自己的情况也很常见。比如由于双方是初次打交道，或者业主对你的能力还不太了解等原因，业主对你表现出不信任、怀疑，在这种情况下，应如何应对？

这里有一些方法和技巧供大家参考（图9-7）。首先是学会适当地展示和证明自己的能力。方法就是提供相关资质和成果展示，让业主了解你的能力和价值。其次是和对方清晰地沟通设计理念，将自己的设计理念及与业主需求的契合度清晰地传达给业主，并且提供详细解释，开诚布公地回应业主的问题，消除误解和不信任的根源。还有就是要拓宽沟通渠道，与对方保持一定的沟通频

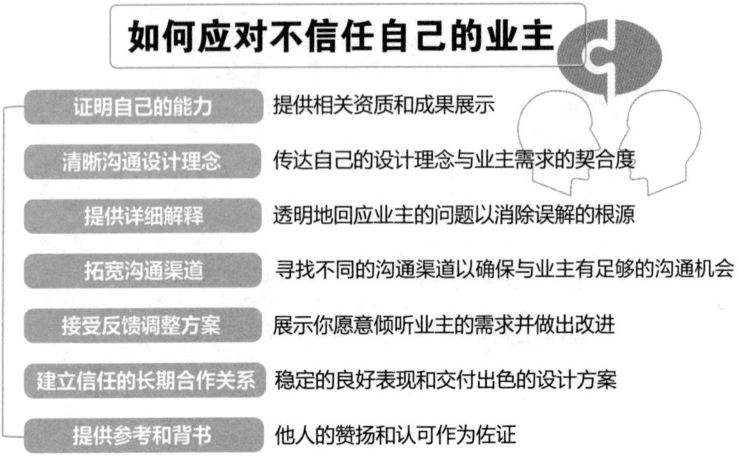

图 9-7　应对不信任自己的业主的方法

率，因为很多不信任往往是因为大家沟通太少，不了解、不熟悉。所以，我们要善于利用不同的沟通渠道，包括面对面会议、电子邮件、电话等，确保与业主建立足够的沟通机会。除此之外，也要学会通过接受反馈并调整方案，以显示你愿意倾听业主的需求并作出改进的态度。

当然，真正的信任其实建立在我们稳定的良好表现和交付出色的设计方案上，因为交付的方案出色，对方才会真正地信任你，才有助于双方建立起长期的合作关系。还有一种技巧是请第三方为你作担保，他人的赞扬和认可有助于业主对你产生信任。所以总结一下，短期的信任建立在大家的自我展示以及寻找第三方担保上，长期的信任则建立在多沟通、高标准交付的基础上。

但是，不管遇到什么情况，我们都要保持专业和耐心，在沟通中展现自信和真诚。通过不断努力，与业主之间建立信任以及良好的工作关系。

八、如何在汇报中做好冲突管理

下面来探讨如何在汇报过程中做好冲突管理。其实不仅是在汇报中，在整个项目服务过程中，都有可能和对方发生冲突。所以冲突管理的方法是全过程适用的。下面笔者根据以往的项目经验，给大家一些建议。

首先，我们要做到提前预防，比如定期组织会议，促进沟通和协作，及时澄清疑虑，解决潜在的问题。比如，在一些重要的汇报（如专家评审等会议）之前做预沟通，就是为了预防和控制可能发生的冲突。如果发生了冲突，就要去识别冲突源，去深入了解对方的观点、需要和期望，通过有效的倾听和沟通，找出发生冲突的根本原因。还有就是采用寻求共识、寻求妥协、引入第三方等前面提到过的方法（图9-8）。

那么，如果碰到较为激烈的争论，我们该如何保持冷静应对，而不破坏双方的合作关系呢？可以试着采用以下的方法。首先是

图9-8 在方案汇报中解决冲突的建议

深呼吸，停几秒。只有放松情绪，才能做到冷静地思考和回应。其次就是学会倾听和尊重，我们要给予他人表达意见的空间，认真思考他们的观点，不要急于争辩或打断对方。再次，避免使用攻击性或挑衅性的语气，保持平和、善意的态度。攻击性的话语，容易使局面升级，从而变得不可收拾，所以一定要尽量避免。有一点比较重要的是，我们不要将个人情绪和观点混淆在一起，要专注于讨论问题本身。分离个人情绪十分重要，否则我们不可能冷静下来，从而发挥逻辑思考的力量。

在此基础上，前文中提到的寻求共同点、理性分析等方法依然适用。当然，有时可能确实会出现一些非常极端的情况，如果你真的感到情绪快要失控，那么不要勉强自己，不要继续争论下去，可以请求一个短暂的休息，或者延迟回应，甚至离开一下。在争论结束后，我们要学会花时间内省，回顾自己的言行，思考如何能够更好地处理类似的情况，并积极提升自己冷静应对争议的能力。这个说起来容易，做起来却并不那么简单，需要我们多思考、多反省。对于一些容易情绪激动的设计师来说，这是一门人生的必修课（图9-9）。

图9-9　在争论中保持冷静和建立合作关系的建议

　　解决冲突的关键，就在于两个词，一个是开放，一个是共情。开放是为了更好地去倾听、理解对方的需求，同时保持一定的灵活性。共情是为了更好地贴近对方，赢得对方的尊重、信任，求同存异，实现最好的结果。

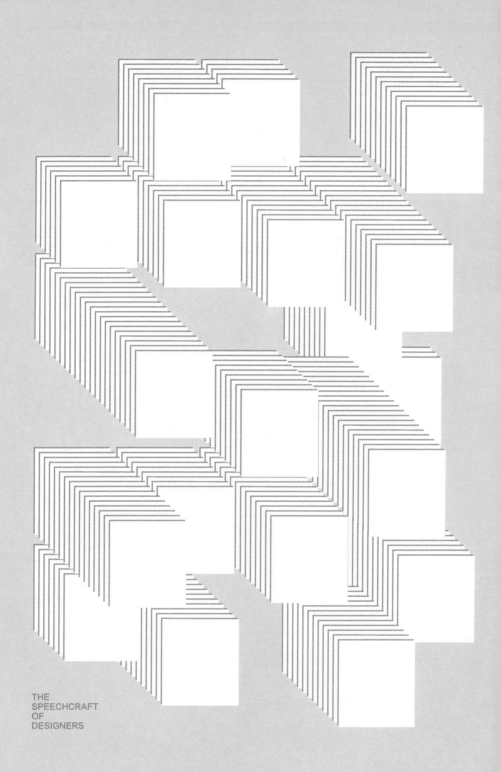

THE
SPEECHCRAFT
OF
DESIGNERS

—

第十章

总结与
实践

—

上一章讲述了如何应对汇报中的反对意见、冲突和挑战。即使准备充分，也不可避免会遇到对方的质疑、批评。所以作为一个设计师，如何去应对和化解这样的冲突就十分重要。应合理运用技巧和方法，包括进一步解释设计理念，认真倾听和积极反馈，求同存异并灵活做出改变等。最重要的是要保持冷静，而且事后要多花些时间内省，这样才能获得快速成长。

前面的九章从不同的角度、板块来阐述了方案汇报的方法和关键事项，本章则是对前述所有知识点的梳理和总结，并告诉大家应如何练习，如何加强运用。本章内容主要包括知识点总结、设计汇报流程的整理、案例和示范，以及一些增强汇报效果的技巧等。

一、各章节重点提炼

首先来回顾一下各个章节的重点内容（图 10-1）。

第一章重点介绍了方案汇报的八大痛点和八大解决之道，主要都集中在两个方面：内容和表达。这些解决之道也贯穿于后面几章内容中。

第二章是关于方案汇报的对象分析。知己知彼，方能百战不殆。在进行对象分析时，主要从背景调研入手，调查对方的身份、年龄等，另外非常重要的是要分析其需求，了解其目的。在汇报的过程中要学会用讲故事、积极的语言、眼神接触与对方建立连接。在汇报中，需要控制好汇报的节奏，适时地提出问题或者引用一些案例等，做好控场，吸引住对方的注意力。

第三章进入方案汇报的方法篇。本章介绍了一个很有用的方案汇报方法——故事线法。普通人讲道理，高手都在讲故事。汇报有时就是在说一个引人入胜的方案故事。讲故事要注意三个方面：一是结构和元素，对应到设计中就是要跟随概念的故事线，这个故事线最好有变化、冲突和转折。二是场景描述，要让人能感同身受。三是表达方式，汇报中的声音、肢体动作的传递，以及幽默感，对于故事的效果都会起到很大的作用。

第四章讲了汇报的基本功——有声语言和肢体语言的运用。我们要去探索自己的语言风格，留意汇报时的声音和语调、肢体动作、面部表情等。注意其中的关键点，比如发音要注意什么，节奏和语速如何把控，常用的手势动作等。

第五章介绍了如何把演讲的一些要点和方法、技巧运用到汇报中。汇报中的演讲技巧与方案汇报的特点和需求结合得十分紧密。主要方法和技巧包括开头五部曲和结束五法，还有在编写演讲结构时应注意的要点，比如采用三明治法则、逻辑法或者故事线法，做好内容与内容之间的衔接和过渡等。此外还介绍了时间管理的五个要点。

第六章在前面的理性结构基础上，提到情感共鸣与共情是提升说服力的重要方法。可以运用开放式姿态来引发情感共鸣，用身体语言、声音、内容和幽默来和对方建立情感联系等。

第七章重点讲的是汇报内容和文本的准备。利用好各类视觉元素很重要，包括布局、配色、图片、图表、视频、动画等。关于布局和配色，还引用了一些设计大师的案例，供大家参考借鉴。

第八章探讨了搭建汇报逻辑框架的常用方法，几乎所有的方案汇报都可以套用。此外还讲了常用的逻辑分析工具，如 SWOT 分析、PREP 法则，以及 FABE 法则等。后面也简单介绍了一些说服技巧和应对突发问题的方法。

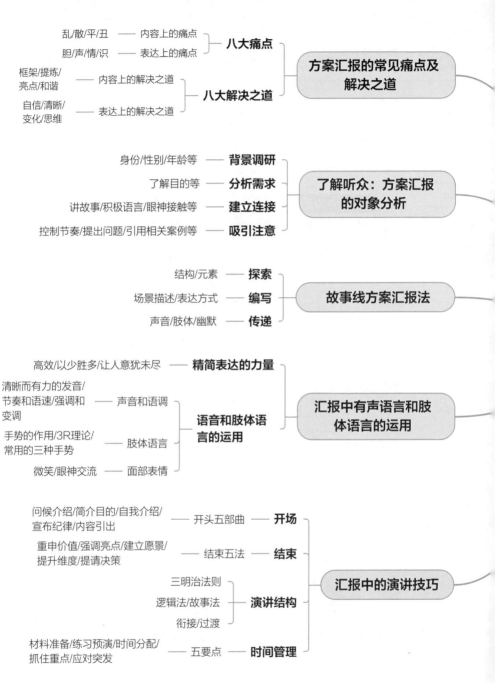

乱/散/平/丑 —— 内容上的痛点
胆/声/情/识 —— 表达上的痛点 ⎫ **八大痛点**

框架/提炼/ —— 内容上的解决之道
亮点/和谐
⎫ **八大解决之道**
自信/清晰/ —— 表达上的解决之道
变化/思维

方案汇报的常见痛点及解决之道

身份/性别/年龄等 —— **背景调研**
了解目的等 —— **分析需求**
讲故事/积极语言/眼神接触等 —— **建立连接**
控制节奏/提出问题/引用相关案例等 —— **吸引注意**

了解听众：方案汇报的对象分析

结构/元素 —— **探索**
场景描述/表达方式 —— **编写**
声音/肢体/幽默 —— **传递**

故事线方案汇报法

高效/以少胜多/让人意犹未尽 —— **精简表达的力量**

清晰而有力的发音/
节奏和语速/强调和 —— 声音和语调
变调
手势的作用/3R理论/ —— 肢体语言
常用的三种手势
微笑/眼神交流 —— 面部表情
⎫ **语音和肢体语言的运用**

汇报中有声语言和肢体语言的运用

问候介绍/简介目的/自我介绍/ —— 开头五部曲 **开场**
宣布纪律/内容引出

重申价值/强调亮点/建立愿景/ —— 结束五法 **结束**
提升维度/提请决策

三明治法则
逻辑法/故事法 —— **演讲结构**
衔接/过渡

材料准备/练习预演/时间分配/ —— 五要点 **时间管理**
抓住重点/应对突发

汇报中的演讲技巧

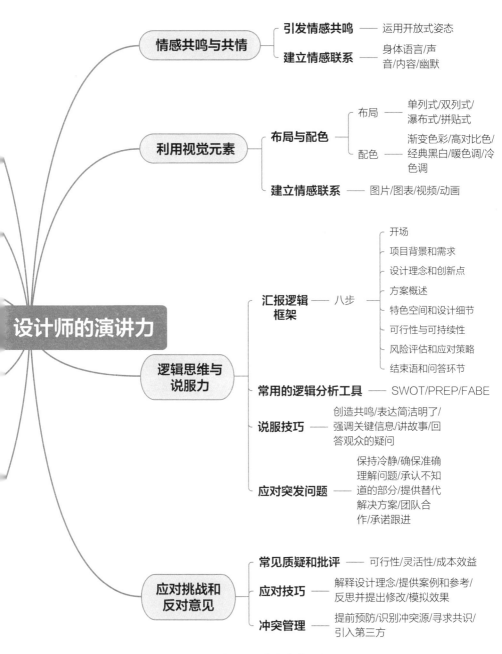

图 10-1 各章节学习卡

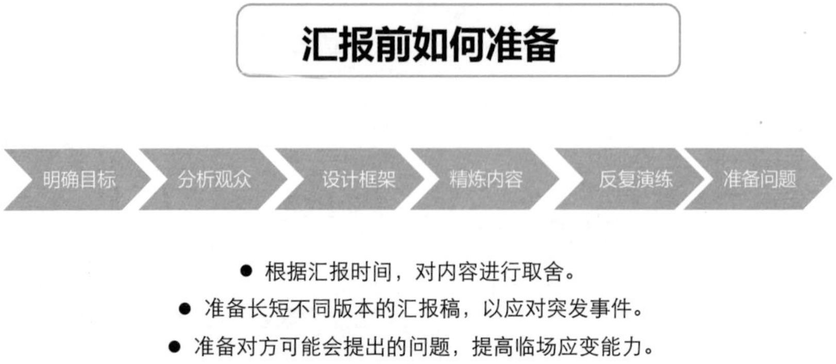

汇报前如何准备

明确目标 分析观众 设计框架 精炼内容 反复演练 准备问题

- 根据汇报时间，对内容进行取舍。
- 准备长短不同版本的汇报稿，以应对突发事件。
- 准备对方可能会提出的问题，提高临场应变能力。

图 10-2　汇报前的准备工作

第九章重点展开叙述了如何应对挑战和反对意见，以及常见的质疑和批评等。此外，还介绍了现场冲突管理的技巧，包括提前预防、识别冲突源、寻求共识、引入第三方等。

下面分享一些补充的内容。通常，设计汇报流程包括汇报前、汇报中和汇报后三个阶段，这三个阶段都很重要。汇报前要做好充分准备，包括明确此次汇报的目的、分析观众、设计汇报框架、完成和精炼汇报内容，此外还需要反复演练，并准备可能会出现的问题。这里有一点要注意，就是对于非常重要的汇报，比如投标、竞赛、向高层领导汇报等，建议准备长短不同的汇报稿，以应对可能出现的突发事件（图 10-2）。

二、在汇报中如何正常发挥

在汇报中如何能正常甚至超常发挥呢？首先要做好心态的调

图 10-3　汇报时做到正常发挥的三个关键点

整和适应，前面的章节中曾提到，过高的期待容易引起操作变形，所以最好是忘记完美，把汇报表达当成一种成长工具。其次是要时时保持积极的状态，这是非常重要的。引用松浦弥太郎在《超越期待》中的一句话："无论你表现得多么有礼貌，多么思路清晰地给对方演讲，如果对方感受不到你的热情，那么他们的内心不会产生任何波澜。"所以热情、积极的状态是最容易感染到对方的。最后是应用技巧，技巧是在扎实的内容基础上的锦上添花（图 10-3）。

三、汇报后的复盘总结

如果一个人想进步得更快，就要在汇报后进行复盘总结。那么如何复盘总结呢？这里有几个要点。首先是自我总结。当我们

图 10-4　汇报后复盘总结的关键点

的弱点被着重提出时，我们就知道哪里需要加强了。其次是听取他人意见。我们可以倾听他人的意见，包括从他人口中了解当时汇报的效果等，但要注意的是，"必须把方向盘紧握在手中"，要为自己的成长负起责任，他人的意见可以参考，但不能替代自己的主见。在复盘后，要立刻制订提升计划，尤其是针对自己的薄弱环节。最后，要善于通过一些小的成功汇报来积累我们的自信，为自己建立心锚，这样当我们面临一个大的场面和机会的时候，就能更好地应对，这就是正向循环的力量（图 10-4）。

四、重要汇报准备逐字稿

当我们面临一些重要的方案汇报时，有一个好的准备方法就是写逐字稿。写逐字稿的目的不是指写完后全部背下来，到时候

逐字稿撰写四步骤

1	2	3	4
明确时长	确认字数	分配内容	提炼亮点

图 10-5　逐字稿撰写的四个步骤

照本宣科，而是通过写逐字稿学会把控全局、精炼语言、梳理逻辑。关于逐字稿的撰写，要做到四个方面（图 10-5）。首先是明确时长，其次，一般的讲话速度大概在 150～200 字 / 分钟，应根据时长和讲话速度计算和确认字数，然后再分配具体的内容。在写出初稿后，可以再根据时长和汇报的目的，去做删减或增加。最后是通过写逐字稿提炼亮点，从而找到表达的重点。

　　下面以笔者本人撰写的一个成功投标项目的逐字稿为例，分享撰写中的要点和技巧。首先通过逐字稿框定了两个汇报时长版本所对应的内容，再将逐字稿中的标题用黄色凸显，关键词用绿色凸显，一些关键句、结论句或点睛的金句等用蓝色强调出来，红色字则是两个不同时长版本的差异性文字，如图 10-6 所示，这是对汇报文本的主要内容做分析。此外，还可以对重音、断句等进行分析，这样可以在练习和正式汇报的时候取得更好的效果。

某项目述标逐字稿

- 时间控制（两个版本-16分钟及12分钟）
- 黄色：标题框架
- 绿色：关键词
- 蓝色：关键句/结论句
- 红色：12分钟版考虑删减的文字

图 10-6　逐字稿标注分析方式

【联合体简介】约 3 分钟

各位领导、专家好，我首先代表联合体做个简单介绍。

我们这个联合体由三大国内顶尖设计院组成 —— ×× 院、×× 院和 ×× 院。三家各自发挥自身优势，强强联合，为本项目保驾护航。其中，×× 院具有服务于现代交通建设的全产业链综合技术优势，拥有城市地下空间工程研究中心，在这个项目中作为设计联合体牵头单位，同时也是地下环路专项牵头单位。×× 院全方位参与了我市的宏观政策、城市发展研究和规划设计，

并深度参与了 ×× 总片区的规划和建设，在本项目中发挥道路、市政、景观专项的牵头作用。

×× 院作为国内数一数二的设计院，具有深厚的轨交上盖、地下空间等项目的经验。×× 院在我市也设有总部，作为除 ×× 之外的第二总部，深耕 ×× 区市场。×× 院凭自身实力参与了 ××× 地下空间及市政工程详规国际竞赛，目前也参与了 ××× 中央绿轴综合工程。在一些国内重大的地下空间和 TOD 项目中，×× 院也扮演了重要角色。比如其参与过上海 ×× 地下空间项目、上海 ××TOD 项目、南京 ×× 地下空间项目、济南 ×× 地下空间项目以及成都 ××× 项目。这些项目在地下空间设计和二层连廊等方面的设计经验对于本项目都很有借鉴价值。

这里特意提一下 ×× 院的地下空间工作站的课题研究，我们积累了大量的案例数据，针对国内各种类型的地下空间进行设计策略研究，并用专项软件辅助建筑设计，比如利用绿建软件，对地下采光、通风进行研究，利用仿真软件对交通进行研究等。

【项目解读】1~2 分钟

×× 片区的规划理念是"安全、生态、绿色、韧性、智慧、集约"，这个规划本身比较全面，我们在比对了可行性研究之后，希望在这个全面的规划体系中提升"无障碍规划"的地位，以"无障碍"的设计标准作为片区慢行功能的设计标准。我们也全面梳理了整个工程体系，以及各项边界条件对项目的影响。

本项目具有很好的区位条件、产业禀赋、交通网络和景观资源，但有一些难点和痛点，其中比较突出的是开发节奏不一带来的时序和分工界面问题，以及多专项的协同问题，另一个比较突出的问题是如何提升城市公共空间品质，包括丰富场所体验、营造优秀的城市景观系统，以及实现公共区域的慢行无障碍等。

【设计策略】1~2分钟

针对以上这些痛点、难点，我们提出四大设计策略。一是统筹人车物，打造好 ×× 片区这个超级主板系统；二是引入业主最先进的创新技术来帮助人车物统筹的落地；三是底线思维，做好安全控制；四是对于整个项目的进度进行合理管控。

具体来说，超级主板就是做好这样一个基盘系统，使人车物境得以合理融合，实现一体化设计。最终目标是围绕人的需求来创造高品质的城市公共空间。在交通一体化设计上做好地上地下车行的整合设计；在市政设施一体化设计上重点强调紧密配合开发节奏；在景观一体化设计上要对地下空间的出地面设施与景观做好整合工作，对于市政设施进行园林化设计。在创新技术上，我们以三大创新技术为核心，包括智慧能源技术、绿色低碳技术和新材料技术。针对本项目，联合体对于设计进度和施工进度进行了详细部署，以保证整个工作流程的有序、高效进行。

【设计提案——多维交通设计】2~3分钟

本项目的基盘系统由人、车、物、境，即步行系统、车行系统、市政系统和景观系统四大系统构成，具体可以分成八大专项，我们的一体化设计就是要梳理和整合所有这些专项。针对这四大系统，我们希望在原有的可行性研究基础上做好更进一步的优化和整合工作。

首先从步行系统来说，我们发现原有的地下通道系统是有些凌乱的，对于行人来说，地下空间的辨识度和体验感还是非常重要的。从这个角度上，我们希望一方面突出主动脉，在地下空间系统中分出层级，另一方面通过一系列的微循环系统来打造适宜的步行尺度，并与地铁站厅、各个地块的地下商业有很好的串联。从原来的"十字生境"到强调两个垂直交叉回环的"十字洄游"的结构，把空中、地面和地下三层慢行系统串联整合，形成一个丰富的洄游系统。

基于这个结构，我们建议对于地下联通道体系要进一步梳理，以优化微循环系统，突出主动线。空中慢行系统其实主要服务于商业旅游客群，更多起到的是串联商圈里的商业裙房、提升商业价值、充分发挥景观价值的作用，所以要注重对于空中连廊的休憩、景观价值的打造，同时可以将其作为商业的户外延伸空间。未来建议对于设计细节采用一些统一的标准，并且无论地上、地下都结合两侧建筑的建设时序，尽可能实现无障碍衔接。

对于地下车行道路，重点考虑和完善安全疏散和救援设计，在智慧交通方面，希望未来在片区创新试点智慧无障碍体验系统。在市政设施一体化方面，重点关注箱涵迁改工程。

【设计提案——重点区域设计】4~5分钟

首先，××街到××街在整个地下十字洄游系统中是很重要的一条南侧的连通道，由此提出超级纽带这一概念。首先我们定位了三类主要客群：精英商务客群、年轻时尚客群和旅游商业客群。不同于北侧的横向连通道，这条通道的公共性更强。但这条通道本身有 1 公里长，如何创造丰富的体验成为一大重点和难点。因此我们建议根据两侧地块的特点，分成三大主题区块，并在这三大主题分区上每隔一段距离打造一些一级或者二级节点。同时需要结合周边建设情况，通过优化标高来无障碍衔接相邻地块。在功能设施方面，我们建议植入文化艺术展示、服务设施、商业展陈以及社交休憩功能。我们根据热力图分析，在满足基本人行宽度的要求上对这些设施进行了合理分布。在××街上，我们重点打造了三个一级节点，包括"海底花园"咖啡吧、下沉式广场节点以及风之翼广场。在××街的打造上，结合科技时尚主题，设计了为商务人士服务的精英仓、多媒体舞台等。两侧建筑的商业店面尽可能向地下通道打开，利用双层消防卷帘的间隔进行店面前区的设计，把不利因素变有利因素。在疏散设计上结合通道内的功能设置进行消防设计，充分利用下沉式广场的疏散作用，同时建议局部采用导光管等创新技术手段，把自然光引入地下，进一步提升地下通道的舒适性。

18# 人行天桥设计，我们在形式上考虑轻、透、简的原则，在连接方式上考虑了两侧建筑×××和××的登高场地、现状连接条件、地下空间和地铁出入口等情况。从形式上来说，我们提取了××的设计语言，提出采用这种双手相扣的形式在两者之间建立联系。在桥的两头转折处，我们利用局部放大空间设置绿化和休憩场所，未来这也可以作为商业外摆空间和观景平台。我们也模拟分析了路上由远及近看桥的效果，以及站在桥上看外侧的景观效果。在接口设计上，对于×××，建议采用悬挑搭接的方式，将二层局部幕墙玻璃改造为入口，打通桥与内部商业动线。对于××，则结合它现在预留的牛腿以及××本身的疏散要求，采用牛腿搭接，并使××可借助天桥的疏散楼梯进行疏散。在疏散楼梯下方我们还结合了地铁的一个出入口。

【技术创新及亮点总结】1分钟

在智慧能源方面，我们会结合不同场景设置包括储能系统、直流配电系统、光伏发电系统和柔性用电负荷在内的"光储直柔"发配电系统方案。绿色低碳技术包括零碳公园、绿色交通、绿色市政等方面。在新材料方面，采用智能喷膜防水技术等。总的来说，我们希望通过立体洄游、市政设施一体化、地上地下车行一体化以及创新集成来打造强健的基盘系统和高品质的城市公共空间，实现以人为本、人城共生。

五、增强汇报现场效果的技巧

以上的内容基本已经涵盖了汇报的主要关键点和做法。下面再介绍一些增强汇报现场效果的技巧（图 10-7）。首先是要在汇报中强化亮点。你的设计亮点就是你区别于竞争对手的最有价值的部分，因此需要不断重复和强化。要学会用关键词归纳亮点，并且应在汇报最后再总结一遍亮点。

图 10-7　增强汇报效果的四个技巧

其次是要让你的汇报富有节奏，关键就是串联和强调。语速应有流畅与停顿，音调应有低沉与高昂，要配合内容，做到有强有弱、高低起伏、富有变化，避免口头禅。

然后是手势动作的配合。手势动作的表达一方面可以使你看起来拥有更开放、包容、自信的状态，另一方面也可以强化你想表达的核心内容。其中包括眼神、表情、手势甚至是身体动作，这些具体的细节，在前面的章节中都有讲过。

最后一点就是要尽可能地精简表达。精简表达是一种习惯，需要不断地培养。而且，有一点应注意，精简表达一定要建立在深度作业的基础上，包括思考的深度、设计的深度等。针对重要的汇报，可以先写逐字稿，不断练习，从而训练自己的语感。

六、制订成长计划

希望大家能够积极分享学习心得，列出未来的成长计划，迎接属于你的挑战。知道并不等于做到，让我们立刻行动起来吧！

在本书进入尾声的时候，有几个观点想和大家一起分享和共勉：

如果你想获得出类拔萃的成就，那么光"普通"是不行的；

障碍在那里是有它的意义的，它会阻挡那些意志不够坚定的人；

世界上不存在魔法配方，关键是纪律、时间和对自我的理解。

最后，希望各位在未来的汇报学习之路上勤加练习、快速成长，早日实现自己的职业理想和目标！

后记

在设计行业工作多年后，我最大的体会就是设计不只是一张张的图纸，更是一个过程，而这个过程往往很漫长，充满了艰辛、困苦和挑战。在这个过程中，每位设计师都会面临这样一个问题，就是如何与业主进行汇报和沟通，而这个问题也成了很多年轻设计师的一大痛点。

我在初入职场的时候，也一直有这样的困惑：怎样的汇报能让自己的方案更容易被对方接受？在参加了各种汇报、论坛之后，通过对一些优秀设计师汇报的观察和模仿，慢慢悟出了一些道理。几年前，我也自费在工作之余参加了一些演讲学习，翻阅了各类相关书籍，逐渐总结出一套适合于设计师的方案汇报的理论与方法，并将之用于自己日常的工作实践，且取得了较好的效果。将这些理论与方法汇总在一起，就形成了本书的内容，希望本书能成为各位突破汇报瓶颈的"秘籍"！

本书和我以往出版的书籍（如《商业建筑设计》《商业建筑设计要点及案例剖析》《TOD 商业开发的理念与实践》）不同，它是一本面向所有设计师的实用工具类书籍。关于这本书的构思、素材的积累都可以追溯到我初入职场、成为一名职业建筑师之始。经过近二十年工作实践和感悟，才有心得一二，因此也希望能得到各位的批评指正。

在此我要感谢我的家人，没有你们的陪伴、理解和支持，不会有我今天的成绩。

最后，祝各位设计师工作顺遂！

周洁

2024 年 9 月

参考文献

[1] 麦科马克.精简：言简意赅的表达艺术 [M]. 何莹，译.北京：中国人民大学出版社，2017.

[2] 崔西.博恩·崔西口才圣经：如何在任何场合说服任何人（白金珍藏版）[M]. 鲁心茵，译.北京：中国人民大学出版社，2017.

[3] 约翰逊，亨特.能言善辩：律师职场说服术 [M]. 田力男，吴若龄，译.北京：法律出版社，2021.

[4] El Croquis. Herzog & De Meuron 2005—2010[J]. 2011(152)-. Madrid：El Croquis，2011-.

[5] El Croquis. Jean Nouvel 1994—2002[J]. 2002(112)-. Madrid：El Croquis，2002-.

[6] El Croquis. Zaha Hadid 1996—2001[J]. 2001(103)-. Madrid：El Croquis，2001-.

[7] 景观中国网.布尔诺火山商业服务中心 [EB/OL]. (2014-05-13). [2024-09-01]. http://www.landscape.cn/news/41632.html.

[8] 搜狐网.BIG 新作：丹麦奥胡斯城市综合体 [EB/OL]. (2019-07-04) [2024-09-01]. https://www.sohu.com/a/324906441_650907.

[9] iStructure. 挑战重力的另一种形式——悬挂结构 [EB/OL]. (2018-03-11)[2024-09-01]. https://www.zhulong.com/bbs/d/32396299. html.